零起步"玩转"掌控板与Mind+

占正奎 ◎ 编著

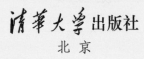

清华大学出版社

北京

内 容 简 介

本书是专门为中小学生编写的零基础学习Mind+图形化编程、应用掌控板等开源硬件设计、制作创意作品的教程。全书由28节课组成，共有53个学习案例，均来源于课堂教学实践和学生的创意作品，涉及软硬件交互设计、物联网、人工智能等内容。课程由浅入深、循序渐进地讲解如何用Mind+对掌控板进行编程，使学生不仅能学会Mind+的基本编程方法和程序设计的思路，也能学会应用各种传感器来感知环境，通过控制灯光、电动机和其他硬件来反馈、影响环境，从而应用掌控板搭建出创意作品。通过项目化的学习过程，可逐步提升学生的信息素养、计算思维和创新能力。

本书可作为中小学生学习创客知识的入门与提高课程，也可为创客爱好者的创作、创新工作提供一定的参考。

图书在版编目(CIP)数据

零起步玩转掌控板与 Mind+ / 占正奎编著 . —北京：清华大学出版社，2022.8
ISBN 978-7-302-61320-6

Ⅰ . ①零… Ⅱ . ①占… Ⅲ . ①单片微型计算机－程序设计－青少年读物 Ⅳ . ① TP368.1-49

中国版本图书馆 CIP 数据核字 (2022) 第 122350 号

责任编辑： 袁金敏
封面设计： 杨玉兰
版式设计： 方加青
责任校对： 胡伟民
责任印制： 刘海龙

出版发行： 清华大学出版社
　　　网　　　址：http://www.tup.com.cn，http://www.wqbook.com
　　　地　　　址：北京清华大学学研大厦 A 座　　　　　　邮　　编：100084
　　　社　总　机：010-83470000　　　　　　　　　　　　邮　　购：010-62786544
　　　投稿与读者服务：010-62776969，c-service@tup.tsinghua.edu.cn
　　　质　量　反　馈：010-62772015，zhiliang@tup.tsinghua.edu.cn
印　装　者： 北京博海升彩色印刷有限公司
经　　销： 全国新华书店
开　　本： 180mm×210mm　　　　**印　　张：** 9　　　　**字　　数：** 228 千字
版　　次： 2022 年 8 月第 1 版　　　　**印　　次：** 2022 年 8 月第 1 次印刷
定　　价： 69.80 元

产品编号：097935-01

前 言

2017年9月、10月笔者参加了在英国举办的湖北省信息技术骨干教师教学应用能力培训班,在参观的学校中,看到三年级的学生在课堂上学习Scratch图形化编程,六年级的学生向我们展示用免费发放的micro:bit板设计的作品。这样的情景让笔者感到很震惊,编程加上开源硬件的组合使英国的小学生从小就能得到创新能力的培养,而我们在培养学生创新能力方面做得太少了。

回国后,笔者通过各种方式学习和了解国内部分中小学校开展的创客教育情况,决心进行实践探索,在学校推广和实施普惠性创客教育,希望有所收获。虽然笔者所在的湖北省荆门市海慧中学地处祖国中部,非经济发达地区,在教材和硬件设施、师资、教学模式等方面都存在一定的困难。但我们没有"等、靠、要",而是克服困难,转换思路,持续在学校实施低成本的普惠性创客教育。

在湖北省教育信息化发展中心(湖北省电教馆)的支持下,学校用不到2万元的资金,采购了一批开源硬件,组合成65套创客教育套装,将创客教育纳入常规课堂教学,开始在计算机教室对七、八年级学生开展普惠性创客教育。

经过几年的探索、实践,普惠性创客教育使我校学生信息素养和创新能力得到了明显提升,部分学生参加了国家、省、市相关部门举办的创客竞赛活动,表现突出。近几年,我校都有学生在全国学生信息素养提升实践活动创意智造项目中获国家级奖项,特别是2019年,1人获全国一等奖,1人获全国三等奖,即使这两年由于疫情影响,没有举办现场活动,但在线上活动中,学校每年也有学生获国家、省级奖。

通过实践,学校培养出了4名能进行创客教育课堂教学的创客导师,出版了3本适用的校本教程。2021年10月,笔者申报的《低成本普惠性创客教育的研究与实践》被湖北省教科院立项为专项资助的重点课题,同月,《低成本普惠性创客教育实践》

被湖北省教育厅评为数字校园应用场景优秀案例，并被推荐到第四届全国基础教育信息化应用展示交流活动上进行展示。

通过实践，我们探索出了一套实施低成本普惠性创客教育的机制，师生获得了一些成果，同时，也提升了学校的知名度。省、市创客教师实操培训会多次在我校举行，到学校交流考察的相关单位络绎不绝。低成本普惠性创客教育俨然成了我校一张靓丽的名片。

近几年，创客教育在全国也是迅速得到推广和普及，一方面是因为教育改革的需要，另一方面是国产开源硬件和图形化编程软件的质量越来越好，从而助推了创客教育的发展。

由深圳盛思科教文化有限公司设计生产的掌控板就是一款在教学中非常实用的开源硬件。掌控板主控芯片为ESP32，板上有三轴加速度传感器、光线传感器、麦克风等输入设备，内置了无源蜂鸣器、3个RGB LED灯、1.3英寸OLED屏等输出设备。除此之外，还可以通过I/O扩展口使用更多的输入和输出设备。这些元器件组合在一起，就形成了一个微型的智能硬件系统。掌控板也可以连接WiFi设备，实现物联网和人工智能等方面的功能。所以，掌控板不仅可以应用于创客课堂教学，还可以制作具有智能控制功能的创意作品。

在软件方面，由上海智位机器人科技股份有限公司（本书简称DFRobot公司）开发的Mind+软件特别适合中小学创客教育的课堂化教学。Mind+是一款面向青少年的编程软件，既能进行图形化编程，也能进行Python代码编程，支持众多的开源硬件和扩展模块，更重要的是免费的Mind+软件做到了能不断地完善和升级新功能，V1.6.2以后的版本能支持人工智能的人像识别、语音识别等功能的编程和实验。

Mind+为掌控板提供了良好的生态系统，通过图形化编程，能全面展示掌控板的功能。更难能可贵的是，DFRobot公司开发的大部分传感器、执行器等硬件都能与掌控板配套应用。掌控板与Mind+，是创客教育的绝佳之选；掌控板与Mind+，是创意作品成功的保障。

本书针对零基础的读者，做到了软、硬件相结合，注重学生的动手操作。书中的案例一部分来源于课堂教学实践，一部分来源于学生创作的创意作品，都与日常生活相关，可激发学生动手、动脑的欲望。课程不仅限于讲解软、硬件相关的知识点，而且会在不知不觉中训练计算思维，更多的是对学生创新能力的培养。课程中的每个案例都是按一个课时设计，内容安排上从易到难，循序渐进，符合中小学生的认知水平。笔者相信，课程中项目化的任务驱动、探究拓展等教学模式一定会大幅提升学生的创新素养。

希望读到此书的中小学创客教师，树立"培养核心素养，践行立德树人"的信念，在《义务教育信息科技课程标准》的指导下，不断地学习，提高教学水平，利用好"双减"政策下创客教育课时可能增加（如社团活动、课后延时服务）的机会，将普惠性创客教育落实好，让全体学生都受益。一份付出，一定会有一份收获！

希望读到此书的中小学生和创客爱好者，能借助Mind+编程去实现自己的创意想法，在课外用掌控板做出好看、好玩、好用的作品，并与同伴、老师、家人分享。同时，在制作的过程中，能够收获快乐，收获进步，收获自豪，假以时日，创新就可能帮你解决日常生活中的一些问题，也许下一个创客大咖就是你！

参与本书编写和教学实践的有龚志超、姚国云、刘惊涛、黎伟、代朝阳、杨传龙等老师。

最后，要感谢清华大学出版社的大力支持。希望本书的出版发行，对中小学开展普惠性创客教育有所促进。这，也是我的梦想。

占正奎

2022年4月

目 录

第1课

Mind+精灵动起来

1.1 预备知识——Mind+软件……………………………………………… 1

1.2 引导实践——Mind+精灵动起来…………………………………… 2

1.3 深度探究——设计"小狗自由行"动画…………………………… 8

1.4 课后练习…………………………………………………………… 11

第2课

小狗走迷宫

2.1 预备知识——Mind+舞台的大小和坐标规则………………… 12

2.2 引导实践——用键盘控制小狗的运动…………………………… 13

2.3 深度探究——设计小狗走迷宫游戏……………………………… 14

2.4 课后练习…………………………………………………………… 17

第3课

打地鼠

3.1 预备知识——用Mind+的绘图功能绘制角色………………… 18

3.2 引导实践——设计打地鼠游戏…………………………………… 20

3.3 深度探究——给打地鼠游戏添加限时和加分功能……… 23

3.4 课后练习…………………………………………………………… 25

第4课

掌控板显示文字

4.1 预备知识——认识掌控板………………………………………… 26

4.2 引导实践………………………………………………………… 27

4.3 深度探究——滚动显示"我的中国梦"………………………… 30

4.4 课后练习…………………………………………………………… 32

第5课

掌控板LED灯亮度的调节

5.1 预备知识——RGB LED灯 ······················· 33

5.2 引导实践——用键盘调节掌控板LED灯的亮度 ········· 34

5.3 深度探究——我是小小调光师 ···················· 36

5.4 课后练习 ·································· 38

第6课

掌控小钢琴

6.1 预备知识——了解蜂鸣器 ······················ 39

6.2 引导实践——用掌控板蜂鸣器播放音乐《小星星》 ····· 40

6.3 深度探究——掌控小钢琴 ······················ 42

6.4 课后练习 ·································· 44

第7课

电子秒表

7.1 预备知识——A、B按钮和输入、输出信号 ··········· 45

7.2 引导实践——电子秒表 ························· 46

7.3 深度探究——有分钟和秒位显示的电子秒表 ··········· 48

7.4 课后练习 ·································· 50

第8课

噪声报警器

8.1 预备知识——传感器等的介绍 ···················· 51

8.2 引导实践——掌控板上显示声音音量值 ·············· 53

8.3 深度探究——噪声报警器 ······················ 55

8.4 课后练习 ·································· 56

第9课

光线强弱报警器

9.1 预备知识——光线传感器 ······················ 57

9.2 引导实践——光控灯 ························· 58

9.3 深度探究——光线强弱报警器 ···················· 60

9.4 课后练习 ·································· 61

第10课

随身计步器

10.1 预备知识——认识加速度传感器 ························· 62

10.2 引导实践——读取加速度传感器感知的加速度值 ······ 63

10.3 深度探究——随身计步器 ······························· 65

10.4 课后练习 ··· 67

第11课

综合创意设计—声光控灯

11.1 预备知识——在掌控板上显示图片/绘制图形 ·········· 68

11.2 引导实践——交通信号灯及楼道声控灯 ··············· 70

11.3 课后练习 ··· 74

第12课

外接LED灯的控制

12.1 预备知识——掌控板扩展板 ························· 75

12.2 引导实践——用按钮开关控制PCB LED灯 ············ 78

12.3 深度探究——按钮灵活控制PCB LED灯 ·············· 80

12.4 课后练习 ··· 81

第13课

实虚交互的调光灯

13.1 预备知识——模拟输入/输电位器 ····················· 82

13.2 引导实践——制作能无级调节亮度的LED灯 ·········· 83

13.3 深度探究——设计制作能用电位器调整Mind+舞台上房间亮度的软硬件交互系统 ························· 86

13.4 课后练习 ··· 89

第14课

调挡风扇

14.1 预备知识——用130型电动机制作风扇 ················ 90

14.2 引导实践——应用两个按钮开关控制风扇的转动 ······ 91

14.3 深度探究——应用3个按钮开关做调挡风扇 ············ 93

14.4 课后练习 ··· 95

第15课
温控风扇

15.1 预备知识——认识DHT11数字温湿度传感器 ········· 96

15.2 引导实践——设计温控风扇 ················· 97

15.3 深度探究——设计随环境温度高低自动调整转速的
风扇 ·································· 99

15.4 课后练习 ····························· 100

第16课
摇头风扇

16.1 预备知识——认识舵机 ····················· 101

16.2 引导实践——按钮控制舵机舵角在0°~180°循环
转动 ································· 102

16.3 深度探究——制作摇头风扇 ················· 105

16.4 课后练习 ····························· 107

第17课
遥控风扇

17.1 预备知识——红外遥控器套件的组成及原理 ········· 108

17.2 引导实践——获取红外遥控器发射的编码 ·········· 109

17.3 深度探究——设计遥控调挡风扇 ················ 110

17.4 课后练习 ····························· 112

第18课
综合创意设计二
文物保护装置

18.1 预备知识——认识超声波测距传感器 ·············· 113

18.2 引导实践——应用超声波测距传感器制作文物保护
装置 ································· 114

18.3 课后练习 ····························· 120

第19课
小车自由行

19.1 预备知识——了解小车 ····················· 121

19.2 引导实践——组装小车，让小车动起来 ··········· 122

19.3 深度探究——小车能前后左右自由行走 ··········· 124

19.4 课后练习 ····························· 125

第20课

避障小车

20.1 预备知识——超声波测距传感器在生活中的应用····· 126

20.2 引导实践——用超声波测距传感器做避障小车······· 127

20.3 深度探究——用舵机和超声波测距传感器做扫描避障

小车····· 129

20.4 课后练习····· 130

第21课

巡线小车

21.1 预备知识——认识灰度传感器····· 131

21.2 引导实践——检测Mini巡线传感器····· 132

21.3 深度探究——用Mini巡线传感器做巡线小车······· 133

21.4 课后练习····· 135

第22课

物联网入门

22.1 预备知识——在物联网平台注册账号····· 136

22.2 引导实践——手机远程控制掌控板上的LED灯······ 138

22.3 深度探究——用手机远程监控室内温度并控制

风扇····· 142

22.4 课后练习····· 144

第23课

人脸识别

23.1 预备知识——了解人脸识别····· 145

23.2 引导实践——通过人脸识别确认是不是小梅········· 146

23.3 深度探究——通过人脸识别确认是不是外人········· 151

23.4 课后练习····· 152

第24课

离线人脸识别

24.1 预备知识——认识二哈识图AI 视觉传感器··········· 153

24.2 引导实践——人脸的学习与识别····· 154

24.3 深度探究——模拟人脸识别门禁系统····· 158

24.4 课后练习····· 162

第25课

语音识别

25.1 预备知识——理解语音识别原理 ……………………… 163

25.2 引导实践——在线语音控制掌控板LED灯的

亮和灭 …………………………………………… 165

25.3 深度探究——离线语音调挡风扇 ……………… 169

25.4 课后练习 ……………………………………… 172

第26课

**综合创意设计三
班级健康小卫士**

26.1 预备知识——器材介绍 ……………………… 173

26.2 引导实践——设计班级健康小卫士 ………… 174

26.3 课后练习 ……………………………………… 181

第27课

**制作班级健康小卫
士模型**

27.1 预备知识——创客作品制作器材介绍 ……………… 182

27.2 引导实践——制作班级健康小卫士模型 ………… 184

27.3 课后练习 ……………………………………… 189

第28课

赛场竞技

28.1 预备知识——创客竞赛活动介绍 …………………… 190

28.2 教学实践——创客竞赛流程 ……………………… 191

附录

配套器材

第 1 课　Mind+精灵动起来

学习目标

* 会安装Mind+软件，熟悉Mind+的主界面。
* 会使Mind+精灵动起来，能做出小狗自由行走的动画。

1.1　预备知识——Mind+软件

1. Mind+软件介绍

Mind+是上海智位机器人股份有限公司（DFRobot）开发的青少年编程软件，可免费使用。Mind+集成各种主流主控板及上百种开源硬件，支持人工智能（AI）与物联网（IoT）功能，既可以拖动图形化积木编程，也可以使用Python、C、C++等高级编程语言，让用户轻松体验创造的乐趣。

2. Mind+软件的特点

目前，在中小学创客教育中，使用的主流开源硬件主要是基于Arduino、micro:bit、ESP32等平台开发的相关产品，如图1-1所示。Mind+完美地将这几个平台进行了整合，使其拥有一致的使用体验，并且可以脱离计算机运行，让用户摆脱计算机的束缚。

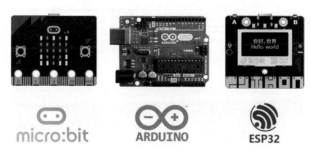

图1-1　Mind+支持的开源硬件平台

1

Mind+可采用图形化积木式编程,其编程方式如图1-2所示,拖动图形化语句块即可进行编程,让用户轻松体验编程的乐趣。

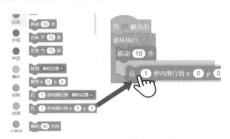

图1-2　图形化编程方式

1.2　引导实践——Mind+精灵动起来

Mind+舞台上默认有一个静止的🐱,叫Mind+精灵,我们可以通过编写程序使其在舞台上动起来。

1. Mind+的安装

登录Mind+官方网站（www.mindplus.cc）,如图1-3所示。Mind+提供在线编程和使用客户端编程两种方式。本书采用下载Mind+客户端的方式进行学习。

图1-3　Mind+官网首页

单击"立即下载"按钮,在页面中下载Windows版Mind+客户端。下载完成后,双击可运行安装程序,如图1-4所示,选择"中文（简体）"选项,然后单击"OK"按钮,弹出如图1-5所示的安装界面。

图1-4 选择中文版安装　　　　图1-5 安装界面

2. Mind+主界面

Mind+安装完成后，会在桌面上生成一个快捷方式图标，直接双击就会运行Mind+。Mind+有"实时模式""上传模式""Python模式"三种不同模式的界面，默认的模式为"实时模式"，其主界面如图1-6所示，由菜单栏、模块区、编程区、舞台区、角色区、背景区组成。

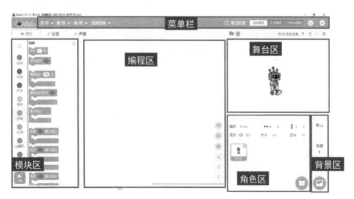

图1-6 "实时模式"下Mind+主界面

（1）菜单栏。

菜单栏是用来设置软件的区域，相当于"舞台"的幕后。

"项目"菜单可以新建、打开和保存项目。

"教程"菜单里可以找到想要的教程和示例程序，学习过程中还可以通过官方论

坛寻求帮助，或者分享自己的作品。

"编辑"菜单可以打开和关闭"加速模式"，还可以恢复被删除的角色。

"连接设备"菜单能检测到连接的设备，并且可以选择连接或断开设备。

"实时模式/上传模式/Python模式"按钮可切换程序执行的模式，"实时模式"是将编程区可执行的程序在硬件和Mind+舞台中实时执行，"上传模式"是将程序上传到硬件设备中执行，"Python模式"提供代码和模块两种方式，可直接运行所有Python功能。

（2）模块区。

模块区可以理解为"道具"区，为了完成各种动作，需要很多不同的道具组合。在"扩展"模块里，可以选择更多额外的道具，如各种主控板、传感器、显示和通信设备等硬件的控制模块。

（3）编程区。

编程区是"舞台表演"的核心，所有的"表演"都会按照"编程区"的指令（语句）行动，拖曳模块区的语句就能在此编写程序。

（4）角色区。

用户可以在角色区选择或绘制自己需要的角色。

（5）背景区。

用户可以在背景区选择或绘制舞台背景。

（6）舞台区。

舞台区就是角色们"表演"的地方，所有的"表演"都是按照"编程区"的指令行动的。

3. Mind+精灵动起来

运行Mind+后，在"实时模式"下，舞台区就会出现，下面编写程序使Mind+精灵动起来。

（1）设置背景。

单击图1-7背景区中的"背景库"按钮，可打开如图1-8所

图1-7 "背景库"按钮

示的背景库。

从背景库中选择"蓝天"背景。

图1-8　背景库

背景定好后，就会出现如图1-9所示的背景编辑窗口，可以在此基础上修改背景，舞台区的背景会同步改变。从左边背景微缩图中可看到原白色背景为1号，现背景为2号，当前选择的是2号。在舞台上可用鼠标将Mind+精灵移到舞台左下方的路面上。

图1-9　背景编辑窗口

（2）编写程序。

要想使Mind+精灵动起来，就要给它编写程序。单击"模块"按钮，会关闭"背

景"编辑窗口,出现编程区。先选择角色区Mind+精灵(编程区右上角会半透明显示当前编程对象), 再展开"事件"模块组,就会出现相关语句块,颜色与"事件"标志相同,将语句块 拖放到编程区,如图1-10所示。

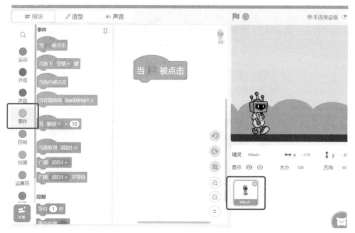

图1-10 将语句块拖放到编程区

如图1-11所示,展开"运动"模块组,将 移动 10 步 拖放到编程区,串接在 当 被点击 下。

图1-11 串接语句块

若发现程序编写错了,有三种方法可删除写错的程序。

一是如图1-12所示,将写错的程序块直接拖回到模块区。

二是如图1-13所示,在写错的程序上右击,在弹出的快捷菜单中执行"删除"命令。

三是单击图1-13编程区右下方的"撤销"按钮,同样可删除写错的程序。

图1-12　串接语句块　　　　　　　图1-13　删除语句块和撤销操作

（3）运行程序。

程序写完后，单击舞台左上方的"运行"图标 ▶，如图1-14所示，可在舞台上看到Mind+精灵向右移动一下后停止，不单击 ▶ 不移动。可单击舞台右上方的"舞台全屏"按钮 ⸬ 全屏观看。

（4）保存程序。

如图1-15所示，执行"项目"→"保存项目"命令，将此程序保存到计算机上。

图1-14　运行程序　　　　　　　　图1-15　保存程序

命名为"01"保存后，则会在标题栏显示文件名称 🖥 Mind+ V1.7.1 RC2.0 01.sb3 。

1.3 深度探究——设计"小狗自由行"动画

1.2节的"让Mind+精灵动起来"程序中,只有不断地单击"运行"图标🚩,Mind+精灵才能运动。本例中,我们把角色换为小狗,当单击"运行"图标🚩时,小狗出现在一个随机位置,然后在舞台上由左向右走,当碰到舞台右边缘时就转身向左走,当碰到舞台左边缘时则转身向右走,不断循环。

1. 更换背景

单击"背景库"按钮,从背景库的"室内"类型中选择"女巫小屋"背景,如图1-16所示,这个背景会覆盖刚才选择的"蓝天"背景。

2. 更换角色

如图1-17所示,单击角色区"角色库"按钮,可打开"角色库"。

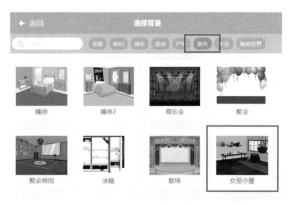

图1-16 选择背景

图1-17 "角色库"按钮

如图1-18所示,从角色库"动物"类型中选择"小狗2"角色,会在舞台上出现小狗。这时舞台上有两个角色,如图1-19所示。

单击"Mind+精灵"图标右上方的"关闭"按钮⊗将其删除,这时舞台上就只剩下小狗了。

图1-18　角色库

图1-19　舞台上的两个角色

选定角色区的"小狗2"，再单击菜单栏下面的"外观"按钮，打开外观编辑窗口，如图1-20所示，可以看到小狗有三个造型，用程序控制这三个造型的切换，就能实现小狗走路的动画效果。

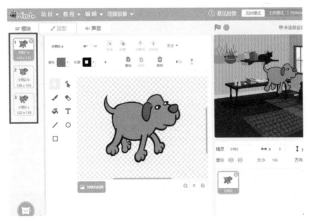

图1-20　小狗的三个造型

3. 编写程序

本例只需给角色"小狗"编写程序来控制其运动，写好的程序如图1-21所示。

图1-21 角色"小狗"的程序

程序中使用了循环语句，如图1-22所示，循环执行语句在"控制"模块中，这个模块中还有条件语句。

程序中的 下一个造型 语句在"外观"模块中，如图1-23所示。通过这条语句可模拟小狗走路的动作。

程序中的4条蓝色语句块都在"运动"模块中，如图1-24所示。"运动"模块中的语句很多，通过组合编写能精确地控制角色的运动。

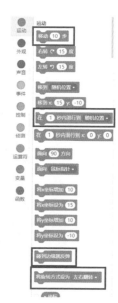

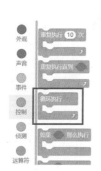

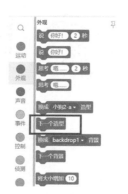

图1-22 "循环执行"语句 　　图1-23 "外观"模块中的语句 　　图1-24 "运动"模块中的语句

4. 调试修改

程序编写完成后，就要调试修改，可通过单击舞台左上方的"运行""停止"按钮控制程序的运行。本例中，通过语句 移动 10 步 和 等待 0.1 秒 控制小狗的运动，每走10步后等待0.1秒，可通过修改步数和等待时间，使小狗运动更完美。

1.4　课后练习

应用Mind+设计出图1-25中的鹦鹉自由飞翔的动画。当单击"运行"图标 🚩 时，鹦鹉出现在一个随机位置，鹦鹉在天空中自由飞翔，碰到舞台右边缘时就转身向左飞，碰到舞台左边缘时则转身向右飞，不断循环。

图1-25　鹦鹉自由飞

第2课 小狗走迷宫

学习目标

* 理解Mind+舞台的大小和坐标规则。
* 会用键盘控制角色运动。
* 学会构建条件语句结构。

2.1 预备知识——Mind+舞台的大小和坐标规则

用户只有理解了Mind+中舞台的大小及坐标规则，才能控制角色在舞台中的位置及移动情况。Mind+舞台的大小为485×360像素，一个像素可以理解为屏幕上的一个点。屏幕由多个像素点组成，485×360像素的意思是水平方向有485个像素点，垂直方向有360个像素点。Mind+舞台的坐标如图2-1所示，将（0，0）点定为舞台的中心点，水平方向为x轴，垂直方向为y轴；中心点往右是x轴（+），中心点往左是y轴（-）；中心点往上是y轴（+），中心点往下是y轴（-）。从图中可以看出，角色鹦鹉的位置在中心点（0，0），在舞台下方也有该角色的位置、大小、方向显示，这些信息在程序的运行过程会不断地变化，是实时显示的。

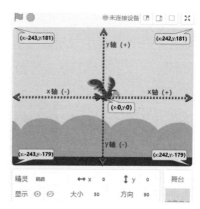

图2-1　舞台的坐标

2.2 引导实践——用键盘控制小狗的运动

本例要实现的效果是：用键盘上的上、下、左、右键控制小狗向相应方向运动。

1. 背景和角色外观设置

在"实时模式"下，执行"项目→新建项目"命令，新建一个Mind+文档，默认的舞台背景为白色，角色为Mind+精灵，我们要换掉背景和角色。单击背景区中"背景库"按钮，打开背景库，从中选择"足球场2"作为舞台背景，然后单击角色区"角色库"按钮，打开角色库，从中选择"小狗2"作为角色，删除舞台上的Mind+精灵，完成后的设置如图2-2所示。

图2-2 背景和角色外观

2. 编写程序

程序的编写思路是：当单击"运行"图标 🏁 时，小狗回到起点即舞台的中心；当按键盘上的向上键（↑）时，y+5；当按向下键（↓）时，y-5；当按向右键（→）时，x+5；当按向左键（←）时，x-5。

（1）定义键盘的上、下、左、右键的动作。

①往上：当按下向上键（↑）时，小狗向上走5步。

②往下：当按下向下键（↓）时，小狗向下走5步。

③往左：当按下向左键（←）时，小狗向左走5步。

④往右：当按下向右键（→）时，小狗向右走5步。

（2）给角色小狗写程序。

选定角色区的小狗，从图2-2中可以看到，舞台下方小狗的位置信息为（x：0，y：0），即舞台的中心。

在模块区展开"事件"模块组，将语句 拖放到编程区，在"运动"模块组选

择语句 移动到 x: 0 y: 0 ，将其拖放到 当 被点击 下面进行连接。

再将"事件"模块组中的 当按下 空格 键 拖放到编程区，单击"空格"选项旁的三角形，选择向上键"↑"，语句变成 当按下 ↑ 键 ，从"运动"模块组选择 将y坐标增加 10 并将其拖放到 当按下 ↑ 键 下面进行连接，将坐标值增加5。控制向上键（↑）的程序完成，其他三个方向键的操作与此相似，在编程区按上面的方法再写三个语句组，改变一下键值和增加的坐标值就可以了。

完整的程序由5个独立的语句块组成，如图2-3所示。

（3）调试修改程序。

程序运行后，能实现用键盘控制小狗运动的效果，但我们看到小狗只是移动而没有走动的效果，可以应用第1课的方法做成小狗走动的效果。完善后的程序如图2-4所示。

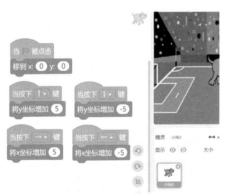

图2-3　用键盘控制小狗运动的程序

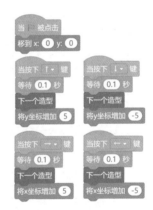

图2-4　调试修改后小狗上的程序

2.3　深度探究——设计小狗走迷宫游戏

小狗走迷宫要达到的效果是：用按键控制小狗从起点出发，沿设定的路线走，若走到路线外，则自动返回起点，若走到终点，则成功完成游戏。

1. 绘制迷宫

新建一个项目，默认的背景是白色，角色是Mind+精灵，这两个都要换。先按前面的方法把角色换成小狗后再绘制迷宫。

将光标移到"背景库"按钮上（不单击），展开背景工具条，如图2-5所示，选择"绘制"工具。

单击"绘制"工具，打开背景绘制窗口，绘制的迷宫线路如图2-6所示，起点是应用圆形工具画的绿色正圆，终点是黑色正圆，线路是用画笔工具画的宽度为100的红色曲线。

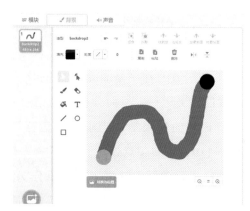

图2-5 绘制工具　　　　　　图2-6 绘制迷宫路线

2. 确定小狗的大小和起点、终点的位置

迷宫绘制完成后，单击界面左上方的"模块"按钮回到程序设计窗口。单击角色区的小狗，在舞台上将小狗拖到起点处，如图2-7所示，将其大小改为20（缩小到原图的1/5），记住起点位置（x：-182，y：-119），再将小狗拖放到终点，记住终点位置（x：185，y：143）。

3. 编写程序

给小狗编写的程序如图2-8所示。

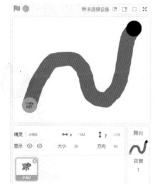

图2-7 小狗的大小和起点、终点位置

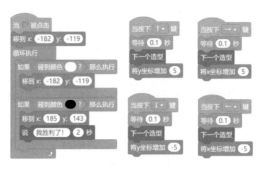

图2-8 小狗的程序

整个程序由两部分组成。

（1）图2-8中右边4个独立语句块的作用是用键盘上的上、下、左、右键控制小狗的运动。

（2）图2-8中左边的程序是整个程序的核心，其构建了一个完整的条件判断结构，使这个游戏能完美运行。下面分析各语句的作用及编写方法。

第一、二行语句的效果是：当单击"运行"图标时开始执行程序，将小狗置于（x：-182，y：-119），即起点处。

下面的循环执行语句框中镶嵌了两个单分支条件语句框，作用是：当小狗碰到白色时（走到红色道路外），就表明失败，重新回到起点；当小狗碰到黑色时，就胜利了，如图2-9所示。

如图2-10所示，循环语句和条件语句框都在"控制"模块中。

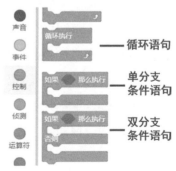

图2-9 小狗成功到达终点　　　图2-10 "控制"模块中的语句

程序中条件语句的条件一个是碰到白色，一个是碰到黑色，用到了如图2-11所示的"侦测"模块中的颜色判断语句 碰到颜色 ？，将其拖到 如果 那么执行 的条件框中，然后将颜色分别改成白色、黑色。

图2-11 "侦测"模块中的语句

4. 调试修改

程序编写完成后进行调试修改。本例中，可通过修改每次按键后小狗走的步数及等待的时间，使小狗的运动更完美。

2.4 课后练习

Mind+"侦测"模块中有如图2-12所示的计时语句，可以应用到小狗走迷宫游戏中，即限定完成的时间，如10秒，若在限定的时间内完不成任务，则重新开始。

图2-12 "侦测"模块中的计时语句

要完成计时版小狗走迷宫游戏，在循环执行框中要增加一个条件判断语句框，条件为 计时器 < 10 ，其中的数据判断语句是从"运算符"模块中找到的。请你为小狗走迷宫游戏增加时间限制。

第3课 打地鼠

学习目标

＊ 会用程序控制多个角色的交互运动。

＊ 会使用变量记录变化的数据。

＊ 能编写出打地鼠游戏程序。

3.1 预备知识——用Mind+的绘图功能绘制角色

在第2课中我们已经绘制过迷宫背景，体会了Mind+的绘图功能。用好这个功能，可以帮助我们绘制出惟妙惟肖的角色和背景。下面学习绘制打地鼠的锤子。

新建一个项目，默认的背景是白色，角色是Mind+精灵，在角色区选择Mind+精灵并将其删除，此时就没有角色了。

将光标移到"角色库"按钮上（不单击），展开工具条，如图3-1所示，选择"绘制"工具。

单击"绘制"工具，打开如图3-2所示的角色绘制窗口。

图3-1 绘制工具

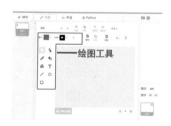

图3-2 角色绘制窗口

Mind+绘图功能强大，提供的绘图工具有画笔、线段、矩形、圆、文本、线条和填充颜色，线条宽度可以任意设定，并且有其他绘图工具少有的线条、形状变形工具，画面中心有中心点标记，绘制的角色的中心点最好与画面中心点重合。图3-3所示为用变形工具将圆形修改为心形图形。

　　下面绘制锤子。用矩形工具绘制锤头和锤柄，通过旋转一定的角度组合成图3-4中的锤子。

图3-3　用变形工具修改的图形

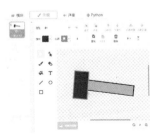

图3-4　锤子的第一个造型

　　为了制作出锤子的动态效果，还需绘制锤子的第二个造型。在图3-4中左上角的"01"锤子造型右击，在弹出的快捷菜单中执行"复制"命令，就会在其下方出现第二个造型，与第一个一模一样。如图3-5所示，将第二个造型的锤子向下、向左稍微移动一点距离，并在下方用画笔工具画点火花状图形，这样绘制后，当用程序控制锤子在这两个造型间切换时，就会产生锤子锤东西的动画效果。

　　锤子绘制完成后，可以将其导出作为素材，方便调用。如图3-6所示，在角色区的锤子上右击，在弹出的快捷菜单中执行最下面的"导出"命令，弹出保存窗口，单击"保存"按钮进行保存。

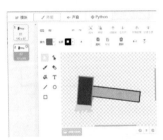

图3-5　锤子的第二个造型

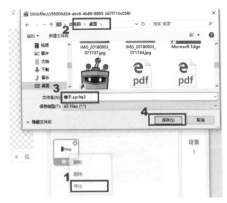

图3-6　导出角色的方法与步骤

最后，不保存这个项目，可直接关闭Mind+程序。

3.2 引导实践——设计打地鼠游戏

本例要实现的效果是：桌面上总共有三只地鼠，位置固定，各自随机显示或隐藏，锤子随光标移动，当锤子碰到地鼠时单击，锤子切换到第二个造型，并且有打到地鼠的声音提示，打到地鼠后，地鼠消失。

1. 背景和角色外观设置

运行Mind+，执行"项目"→"新建项目"命令，新建一个Mind+文档，默认的舞台背景为白色，角色为Mind+精灵。我们要换掉背景和角色。

（1）绘制背景。

将光标移到背景区中"背景库"按钮上，执行菜单中的"绘制"命令，打开背景绘制窗口，利用画笔工具绘制图3-7中的背景图。

（2）从计算机中上传角色"锤子"。

选定角色区的Mind+精灵，将其删除。将光标移到"角色库"按钮上，执行菜单中的"上传角色"命令，如图3-8所示，将前面绘制的锤子导入。

图3-7　背景图

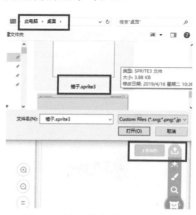

图3-8　从计算机中上传角色

如图3-9所示，执行导入操作后，角色锤子就出现在舞台上。

（3）从角色库中选择角色"地鼠"。

单击"角色库"按钮，打开角色库，从里面选择"老鼠"，然后在角色区复制2个。从左至右分别为老鼠、老鼠2、老鼠3，如图3-10所示，加上锤子，舞台上就有4个角色了。

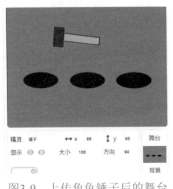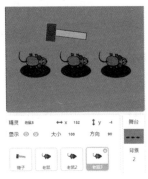

图3-9　上传角色锤子后的舞台　　　　图3-10　舞台上的全部角色

2. 编写程序

舞台上有4个角色，每个角色都应有程序控制其运动。其中三只地鼠随机显示或隐藏，程序是一样的，所以，只需编写控制锤子和地鼠两个程序就行了。

（1）给锤子写程序。

锤子在整个游戏中的运动情况有两种，一是跟随光标移动，即位置坐标与光标一样；二是当碰到地鼠并单击时，把造型切换成第二个造型，如图3-11所示为锤子上的程序。

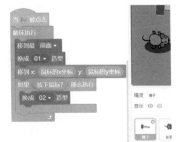

图3-11　锤子的程序

程序中的循环执行框中的第一条语句的作用是使锤子始终位于最前面，不会被光标挡住；第二条语句是使锤子处于初始状态；第三条语句的作用是使锤子的坐标与光标的一致，x、y的值由"侦测"而来，是不断变化的数值，此语句在"侦测"模块中；第四条条件语句的作用是锤子碰到地鼠并单击时，把锤子的造型切换成第二个。

（2）给地鼠写程序。

地鼠有两种运动情况，一是没碰到锤子时随机显示或隐藏；二是碰到锤子并单击时被动隐藏。图3-12是为左边第一只地鼠编写的程序。

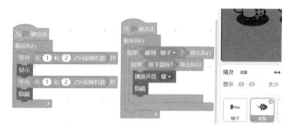

图3-12　地鼠的程序

左边的程序块的作用是使地鼠随机显示或隐藏，其中的 等待 在 1 到 2 间取随机数 秒 由"控制"模块中的语句 等待 1 秒 和"运算符"模块中的语句 在 1 到 10 间取随机数 组合而成，从而把固定值变成了随机值。

中间的程序块的作用是当地鼠碰到锤子并且鼠标按下这两个条件都满足时才隐藏并发出声音。这就是多个事件同时发生时才会触发另一事件，一般在程序编写时使用条件语句嵌套条件语句来实现。

将给第一只地鼠编写的程序复制到其他两只地鼠上的方法如图3-13所示，直接将编写的程序拖到角色区第2、3只地鼠上就会跨角色复制出程序。

图3-13　程序跨角色复制

还有另一种方法可复制程序，就是应用编程区下方的书包功能，不仅能跨角色，还能在不同的Mind+文件中复制程序。方法是把要复制的程序拖放到书包中，这样在任何Mind+文件中都能调用。

（3）调试修改程序。

程序运行后，就能用鼠标玩打地鼠游戏了，可以根据实际情况调整角色的大小、形状，也可更改地鼠显示和隐藏的时间，从而改变游戏的难度。

3.3　深度探究——给打地鼠游戏添加限时和加分功能

前面我们已经制作了打地鼠游戏，虽然能正常运行，但是没有时间限制和分数统计功能，还不完美。下面为程序增加时间限制和加分功能，可以统计在规定的时间内打了多少只地鼠、得了多少分。

1. 新建变量记分

变量，字面理解就是变化的量。在Mind+中，可以用变量表示各种变化的量，如数值的大小、时间的长短、温度的高低等，变量能使程序从一成不变到灵活多变，使用变量也是我们学习编程的重点。

在打地鼠程序中，单击"变量"模块中的"新建变量"按钮，新建一个名为"fenshu"的变量，如图3-14所示，就会在"变量"模块中出现有关变量"fenshu"的语句。

其中第一条语句 变量 fenshu 前有一个复选框，若选择，则会在舞台上显示变量"fenshu"的图形，如图3-15所示。

图3-14　变量"fenshu"的相关语句

图3-15　变量"fenshu"的图形化显示

2. 使用Mind+自带的计时器

Mind+提供了以秒为单位的计时器，如图3-16所示，计时器语句块在"侦测"模块中。

在 计时器 语句前有一个复选框，若选择，也会在舞台上显示计时器图形，如图3-17所示。

图3-16 "侦测"模块中的计时器语句

图3-17 计时器图形化显示

3. 添加程序

（1）给锤子程序添加语句。

选择角色区的锤子，打开其上面的程序，从"变量"模块中将语句 设置 fenshu 的值为 0 拖放到 当 被点击 的下面，从"侦测"模块中将 计时器归零 也拖放到下面，这两条语句的作用是将计时和分数初始化为0。再在循环执行框中增加一个条件语句框，其中的条件 计时器 > 10 是从"侦测"模块中拖出的 计时器 和从"运算符"模块中拖出的 ○ > 100 组合而成，把数据100改成10。图3-18是修改后的锤子程序。

（2）给地鼠程序添加语句。

从"变量"模块中将 将 fenshu 增加 1 拖放到条件执行语句框中，其中的数据表示当锤子击中地鼠时增加的分数，可修改。图3-19为修改后的地鼠程序。

图3-18 修改后的锤子程序

图3-19 修改后的地鼠程序

4. 运行调试

　　程序编写完成后要运行，并进行调试修改，图3-20为程序运行效果。本例中，可通过修改限制时间、分数值，使游戏更完美。

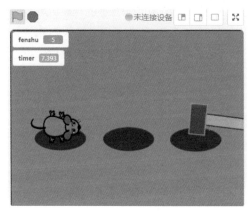

图3-20　程序运行效果

3.4　课后练习

　　上面做的限时记分打地鼠游戏已经很好玩了，但能不能做得更好呢？如能不能将地鼠固定在一个地方出现变为在舞台的任意位置出现，这样玩的难度也就加大了，是不是更有趣了？请你试试看能否完成这个任务。

第4课　掌控板显示文字

学习目标

＊ 认识掌控板，知道掌控板的一般功能。

＊ 会在掌控板OLED显示屏上显示文字。

＊ 体验在Mind+中使用程序控制硬件。

器材准备

　　掌控板、USB数据线（Type-C接口）。

4.1　预备知识——认识掌控板

1. 掌控板

如图4-1所示，掌控板是深圳盛思科教文化有限公司研发的微型开发板，是一款教学用开源硬件。在巴掌大的板子上集成了ESP32主控芯片及多种常用的传感器和执行器，同时使用金手指的方式引出了所有I/O接口，扩展性极强。

2.0版本的掌控板接口为Type-C接口，用来给掌控板供电和传输信息。

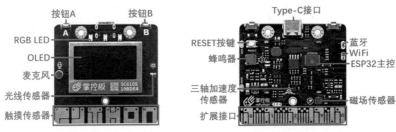

图4-1　掌控板

我们可以把掌控板想象成一台计算机，ESP32主控板+双核处理器就是这台计算机的主机，负责数据的处理与运算，并协调各设备。掌控板内置有三轴加速度传感器、光线传感器、麦克风等输入设备，还内置了无源蜂鸣器、3个RGB LED灯、1.3英寸

OLED显示屏等输出设备。还可通过I/O扩展口使用更多的输入和输出设备。这些元器件组合在一起，就形成了一个微型的智能硬件系统。

掌控板也可以连接蓝牙和WiFi设备，实现物联网和人工智能等方面的功能。所以，利用掌控板可以制作具有智能控制功能的创意作品。

2. 掌控板OLED显示屏

掌控板自带1.3英寸OLED显示屏，屏幕大小为128×64，即水平方向有128个像素点，垂直方向有64个像素点。如图4-2所示，掌控板OLED显示屏与Mind+舞台的坐标不同的是点（X：0，Y：0）不在屏幕中心，而是在屏幕的左上角。

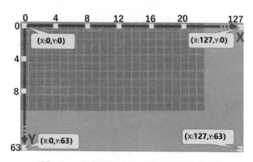

图4-2 掌控板OLED显示屏的坐标

我们可以用程序点亮不同的像素点来显示文字、图片等信息。

4.2 引导实践

在掌控板显示屏上显示文字"我的中国梦"。

本例要实现的效果是：如图4-3所示，在掌控板OLED显示屏的中间显示文字"我的中国梦"。

1. 连接掌控板

（1）掌控板与计算机连接。

如图4-4所示，用USB数据线（Type-C接口）连接计算机与掌控板。

图4-3　掌控板显示屏显示文字　　　　图4-4　连接掌控板与计算机

（2）安装掌控板驱动程序。

在Mind+中安装掌控板驱动程序的步骤很简单，打开Mind+，在Mind+"实时模式"下，将光标移到菜单栏中的"连接设备"右下角的小三角上，展开菜单，执行"一键安装串口驱动"命令，如图4-5所示，就会安装所需串口的驱动程序，从而让计算机识别掌控板。

（3）在Mind+中连接掌控板。

单击程序界面左下方的"扩展"按钮，打开"选择主控板"窗口，如图4-6所示，在"主控板"子窗口选择"掌控板"后，单击左上方的"返回"按钮返回程序主界面。

图4-5　"连接设备"的菜单　　　　图4-6　选择主控板

如图4-7所示，这时在模块区最下方就有了"掌控"模块及其控制语句。

再打开菜单栏中的"连接设备"下拉菜单，如图4-8所示，出现可连接的串口。不同的计算机，串口号可能不同。

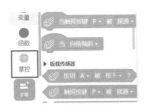

图4-7 掌控板控制语句

图4-8 可连接的串口

选择这个串口，"连接设备"就会变成 COM5-CP210x，表示计算机与掌控板已连接，如图4-9所示，掌控板背面的LED指示灯点亮。

2. 在掌控板显示屏上显示文字

（1）熟悉掌控板显示屏相关的控制语句。

图4-10中是控制掌控板显示屏的部分语句。

图4-9 掌控板上的LED指示灯

图4-10 控制掌控板显示屏的部分语句

屏幕显示文字"Mind+"在第1行 的作用是在屏幕第一行显示文字"Mind+"，其中"Mind+"中可输入任意文字，包括汉字。后面的行号只能选择1、2、3、4，表示应用此语句只能显示4行文字。

屏幕显示为全黑（清屏）的作用是清除显示屏上的所有文字，屏幕显示清除第1行的作用则是清除相应行上的文字。

屏幕显示文字"Mind+"在坐标X:42 Y:22 预览 的作用是精确定位显示相应的文字。

（2）了解掌控板显示屏显示文字的规范。

图4-11（a）中的程序，是在编程区给角色mind+精灵编写的程序，单击舞台区上方的 ▶（运行）图标后，可看到屏幕上的显示文字如图4-11（b）所示。

从程序和运行结果中可以得出掌控板显示屏显示文字的规范：屏幕能显示汉字和

29

其他文字；屏幕显示4行文字时比较合适；每行可显示10个汉字或18个数字、字母；文字的大小是固定的。

图4-11　显示文字的程序与显示效果

3. 显示"我的中国梦"

由于"我的中国梦"要显示在屏幕中间，用 屏幕显示文字"Mind+"在第 1 行 语句不能达到目的，要用到 屏幕显示文字"Mind+"在坐标 X 42 Y 22 预览 语句，通过修改坐标X、Y的值来定位文字位置，X值表示横向位置，Y值表示纵向位置。通过预览可查看文字在屏幕上的位置，但不会显示输入的文字，统一用"Mind+"代替。图4-12为编写的在显示屏中间显示文字"我的中国梦"的程序与显示效果， 屏幕显示为 全黑 (清屏) 语句的目的是删除屏幕上原有的内容，这一语句会经常用到。单击舞台左上方的运行图标 后，观看效果，根据需要改变坐标X、Y的值来调整文字位置。

图4-12　显示"我的中国梦"的程序与显示效果

4.3　深度探究——滚动显示"我的中国梦"

本例要实现的效果是：在Mind+"实时模式"下，如图4-13所示，在掌控板OLED显示屏上使文字"我的中国梦"从右往左滚动显示。

图4-13　滚动显示"我的中国梦"

从图4-13中可以看到，"我的中国梦"在纵向位置上没变化，即坐标Y的值不变；在横向位置上文字向左移动，即坐标X的值逐渐减小，直到为0。我们可以按顺序先设置4张图中"我的中国梦"的位置，然后将语句连接起来，加一个切换时间，再加上清屏语句，就会产生滚动的效果。图4-14为在角色mind+精灵上编写的滚动显示"我的中国梦"的参考程序。

程序中，坐标Y的值均设置为22，保证文字纵向上在屏幕中间位置不变；第一个X的值设为64，保证刚好在靠屏幕右边完整显示"我的中国梦"这5个字，其他X的值逐渐减小，直到为0，起到逐步向左移动文字的作用。单击运行图标 后，在掌控板显示屏上能看到文字"我的中国梦"从右往左滚动显示的效果，但文字移到屏幕最左边后就停止了。为了产生文字不断循环滚动的效果，可以应用循环语句实现，图4-15为修改后能循环滚动显示文字的程序。

图4-14　滚动显示"我的中国梦"程序　　　图4-15　循环滚动显示文字的程序

单击运行图标 后，在掌控板显示屏上就能看到"我的中国梦"循环滚动显示的效果。但我们可以发现文字滚动得不是很连续，有跳动现象。这是因为编写的程序

中只用了4个位置的文字来切换，坐标X的值相差了20，若要更连续，可以增加几个位置，如8个，将坐标X的变化值设置得小一点，如10。经过不断完善，一定会做出完美的效果。

4.4　课后练习

在掌控板显示屏上滚动显示文字的方法不是唯一的，其实在编写程序时应用我们前面学过的变量也能实现滚动显示文字，程序更简单，图4-16为应用变量的参考程序，请试试看，能不能滚动显示文字，效果如何，可修改每个参数进行调试。

图4-16　应用变量滚动显示文字的参考程序

第5课 掌控板LED灯亮度的调节

学习目标

* 会点亮掌控板LED灯。
* 会用键盘调节掌控板LED灯的亮度。

器材准备

掌控板、USB数据线（Type-C接口）。

5.1 预备知识——RGB LED灯

如图5-1所示，掌控板上有三个RGB LED灯（RGB是Red（红）、Green（绿）、Blue（蓝）的首字母缩写，表示颜色中的三原色），在Mind+中分别命名为0、1、2号灯，它们都能显示不同的颜色。

图5-1中展示了2号灯的内部结构，可以看到RGB LED灯实际上是由红色、绿色和蓝色三个独立的LED灯构成。当RGB LED灯内部的三个LED灯以不同亮度搭配时，类似于将三种颜色以不同比例混合，对外呈现的就是混合后的灯光颜色。如图5-2所示，红灯和绿灯同时亮，蓝灯不亮则是黄色灯光；绿灯和蓝灯同时亮，红灯不亮则是青色灯光；红灯和蓝灯同时亮，绿灯不亮则是品红色灯光；三色都亮则是白色灯光。自然界的颜色都可以由红、绿、蓝这三种颜色按不同的比例混合而成。

图5-1 掌控板上的三个LED灯

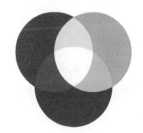

图5-2 红、绿、蓝三颜色的混合

5.2 引导实践——用键盘调节掌控板LED灯的亮度

本例要实现的效果是：在Mind+"实时模式"下，掌控板上的三个LED灯被点亮，分别发蓝光、红光、绿光；用键盘上的0～9按键改变LED灯的亮度，从0到9逐渐变亮，按9最亮，按0则不亮。

1. 熟悉控制LED的语句

打开Mind+，用USB数据线（Type-C接口）将掌控板与计算机连接，在"实时模式"下，先通过界面左下方的"扩展"按钮选择掌控板，这样在模块区就有了掌控板控制语句，再在"连接设备"菜单中选择相应的串口，菜单上出现 COM5-CP210x ▾ ，就表示掌控板已连接好。

展开"掌控"模块控制语句，可看到如图5-3所示的LED控制语句。

灯号 0 ▾ 显示颜色 用来选择灯号和发光颜色，如图5-4所示，展开灯号下拉列表，可分别选择一个，也可全部选择；颜色共有70种色块供选择。

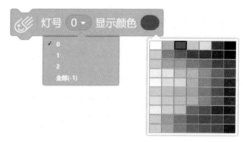

图5-3　LED控制语句　　　　图5-4　灯号和颜色的选择

如果在色块中还选不到自己需要的颜色，可将 红 255 绿 255 蓝 255 拖放到颜色选择框中，组合成 灯号 0 ▾ 显示颜色 红 255 绿 255 蓝 255 ，可修改三个数值显示更多的颜色。

设置LED灯的亮度要用到 设置LED灯亮度为 9 ▾ 语句，共有10种亮度供选择，分别用0、1、2、3、4、5、6、7、8、9表示，数值越大，亮度越大。 读取LED灯亮度 用来获取LED灯的亮度值。

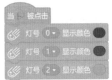用来关闭LED灯，可选择关闭一个灯或全部灯。

2. 编写程序

本例程序实际上分两部分，一是点亮LED灯，二是灯的亮度的调节。

选择角色区的Mind+精灵，在它上面编写程序。点亮LED灯只需在 下拖放三条 语句，用于更改灯号和选择颜色，图5-5为点亮LED灯的程序。

单击舞台区左上方的运行图标，可看到掌控板上的LED灯分别发出蓝光、红光、绿光。

图5-5　点亮LED灯的程序

接着编写用键盘调节掌控板LED灯亮度的程序。我们拟用0～9这10个数字键调节LED灯的亮度，即当按0键时灯不亮，按9时最亮，按其他8个键时，亮度与数字相对应。还是选择角色区的Mind+精灵，在上面接着编写程序。从模块区"事件"模块语句中将 拖到编程区，将"空格"通过选择改为"0"，然后把"掌控"模块语句中的 拖放到 下面，将"9"通过选择改为"0"，通过数字键0控制LED灯的程序就可以。依次完成其他数字键的程序。

图5-6为编写完成的用键盘0～9数字键控制掌控板LED灯的亮度的参考程序。

图5-6　用键盘控制掌控板LED灯亮度的参考程序

单击舞台区左上方的运行图标，LED灯亮，按键盘上的0～9这10个数字键就可改变LED灯的亮度。

5.3 深度探究——我是小小调光师

本例要实现的效果是：在Mind+"实时模式"下，掌控板上的三个LED灯分别发出蓝光、红光、绿光，如图5-7所示，用键盘上的0～9按键能改变LED灯的亮度，从0到9逐渐变亮，按9最亮，按0则不亮，舞台上的灯光强弱与LED灯的亮度同步，掌控板上OLED显示屏上显示LED灯的亮度值。

图5-7 用键盘控制舞台灯光和掌控板LED灯的亮度

1. 场景设置

在Mind+中，执行"项目"→"新建项目"命令，新建一个文档，在实时模式下重新连接好掌控板。先从背景库中选择图5-7中的舞台"音乐会"背景，再从角色库中选择角色"芭蕾舞女孩"，放在舞台的中央，最后删除Mind+精灵。

2. 在角色"芭蕾舞女孩"上编写程序

在角色"芭蕾舞女孩"上编写的程序要达到的目的为：点亮LED灯，显示屏显示动态文字来表示亮度，按键控制LED灯的亮度和舞台上女孩的亮度。

点亮LED灯的程序与图5-5中的相同，现在要在其语句下面加上显示屏显示动态文字来表示亮度的语句，如图5-8所示。

程序块下面的循环执行框中的 显示屏显示文字 读取LED灯亮度 在坐标X 58 Y 25 预览 语句显示LED灯的亮度值，这里显示的数字是通过 读取LED灯亮度 实时获取的掌控板上LED灯的亮度值；角色

"芭蕾舞女孩"有4个造型，语句使这4个造型不断切换，形成舞蹈动画效果；是设置舞蹈的快慢和检测LED灯亮度的时间间隔。

编写好程序后，单击舞台区左上方的运行图标，看掌控板上LED灯是否点亮，掌控板显示屏上是否有亮度数字显示，舞台上"芭蕾舞女孩"是否在跳舞。

按键控制LED灯的亮度与图5-6中的一样，现在要在每一条语句下面加一条控制角色"芭蕾舞女孩"亮度的语句。从"外观"模块中选择语句，将设定项目改为"亮度"，亮度值为-100表示亮度最暗，0表示正常亮度，所以本例中将角色"芭蕾舞女孩"的亮度变化设为-90～0。

角色"芭蕾舞女孩"上编写的参考程序如图5-9所示。

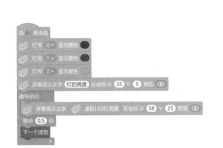

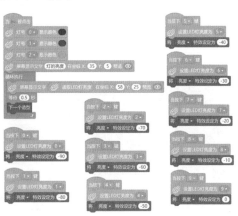

图5-8　点亮LED灯和显示屏显示动态文字　　图5-9　"芭蕾舞女孩"上编写的参考程序
表示亮度的程序

编写好程序后，先单击舞台区左上方的运行图标，点亮掌控板上LED灯，再按键盘上的0～9号数字键，看舞台上"芭蕾舞女孩"亮度是否与掌控板上LED灯的亮度同步变化。

3.　给舞台背景编写程序

Mind+在实时模式下，也可给背景写程序来控制背景的状态。本例中，我们要达到背景的亮度与掌控板上LED灯的亮度同步，即按键盘0～9号数字键，既能控制LED灯和"芭蕾舞女孩"的亮度，也能控制背景的亮度。给背景编写程序时，首先要选定背景区，使编程区右上角出现背景半透明图，才能给背景写程序，如图5-10所示。

在背景上编写的参考程序如图5-11所示，背景的亮度设置值与角色"芭蕾舞女孩"的亮度一样，这样才能做到整个舞台亮度一致。

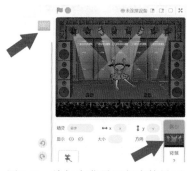

图5-10 给舞台背景写程序的界面

图5-11 给舞台背景编写的参考程序

4. 调试完善程序

通过运行程序后，若达不到所需效果，可对程序进行修改。本例中，可修改的参数有掌控板显示屏上文字的位置、"芭蕾舞女孩"跳舞的快慢、角色和背景的亮度值等参数。

5.4　课后练习

调节掌控板LED灯亮度的方法不是唯一的，如果应用变量，只用两个键（如向上和向下键）就能控制LED灯和舞台背景及角色的亮度，图5-12为应用变量调节亮度的参考程序，请试试看，能不能达到用两个键控制LED灯和舞台背景及角色亮度的目的。

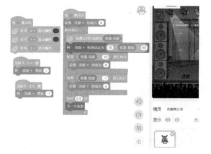

图5-12 应用变量调节亮度的参考程序

第6课 掌控小钢琴

学习目标

* 了解蜂鸣器、触摸按键。
* 理解音调和音符，体验简单音乐的编程。
* 会将程序上传到掌控板。
* 能用掌控板的触摸按键弹奏音符。

器材准备

掌控板、USB数据线（Type-C接口）、带USB输出口的5V锂电池。

6.1 预备知识——了解蜂鸣器

1. 蜂鸣器

如图6-1所示，掌控板背面有一个可以发出声音的蜂鸣器。蜂鸣器按驱动方式的原理可分为有源蜂鸣器（内含驱动线路，也叫自激式蜂鸣器）和无源蜂鸣器（外部驱动，也叫他激式蜂鸣器）。掌控板上的蜂鸣器为无源蜂鸣器，在程序的控制下，能发出不同的音调，可以播放音乐，如发出"哆来咪发唆拉西"的声音效果。

图6-1　掌控板上的蜂鸣器

2. 声音的产生

声音是由物体振动产生的，正在发声的物体叫作声源。物体在一秒钟之内振动的次数叫作频率，单位是赫兹。发出声音的物体振动频率不同，可导致发出声音的音调不同，通过改变蜂鸣器发出声音的频率，就可以得到不同音调的声音。频率与音符、字母的对应关系如图6-2所示。

3. 触摸按键

如图6-3所示，掌控板正面下边沿的金手指是6个触摸按键，用字母P、Y、T、H、O、N表示，6个触摸按键的金色区域为可触发区域，能监测是否被触摸。触摸按键实际上是一个开关，当触摸时，相应的开关闭合使电路连通，电路连接的元器件就会有反应。这样就可以用触摸按键控制LED灯、蜂鸣器、电动机等各种硬件。

音符	1	2	3	4	5	6	7
	(哆	来	咪	发	嗖	拉	西)
字母	C4	D4	E4	F4	G4	A4	B4
频率	262	294	330	349	392	440	494

图6-2 频率与音符、字母的对应关系

图6-3 掌控板上的触摸按键

6.2 引导实践——用掌控板蜂鸣器播放音乐《小星星》

本例要实现的效果是：在Mind+"实时模式"下，单击运行图标 ▶，掌控板蜂鸣器能播放图6-4中的《小星星》乐曲。

小 星 星

$1=C\frac{4}{4}$

佚名 词曲

1 1 5 5 | 6 6 5 - | 4 4 3 3 | 2 2 1 - | 5 5 4 4 | 3 3 2 - |

一闪一闪 亮晶晶，满天都是 小星星。挂在天上 放光明，

5 5 4 4 | 3 3 2 - | 1 1 5 5 | 6 6 5 - | 4 4 3 3 | 2 2 1 - |

好像许多 小眼睛。一闪一闪 亮晶晶，满天都是 小星星。

图6-4 《小星星》简谱

1. 熟悉播放音乐的语句

打开Mind+，在"实时模式"下，将掌控板与计算机连接好。图6-5为掌控板播放音乐的控制语句。

播放音符 1低C/C3 1 拍 语句是用来选择播放音符的音调和持续时间多少的节拍。如图6-6所示，可展开音乐键盘选择音调，展开节拍设置选择节拍数据，节拍表示发音持续时间，在Mind+中可以理解为1拍=1秒。如选择的参数为"1中C/C4 1拍"，蜂鸣器将以

1（哆）音调持续响1秒。设置完成后，单击语句块，在掌控板蜂鸣器中就能听到选择音符的声音效果。

图6-5　播放音乐的语句

图6-6　音乐键盘

后台播放音符 1低C/C3 语句使蜂鸣器能持续响起某个音符，不受其他指令或者动作的影响。也可以用音乐键盘选择音符。

停止后台播放 语句是停止蜂鸣器持续播放的音符，一般与 后台播放音符 1低C/C3 配套使用。

2. 编写程序

选择角色区的Mind+精灵，在它上面输入图6-7中的程序。

图6-7　播放《小星星》第一句的程序

单击运行图标 后，掌控板显示屏显示文字"小星星"，掌控板蜂鸣器播放《小星星》乐曲第一句。

若要播放完《小星星》乐曲，可继续在下面编写。有些乐曲的音符下面有点标

记，如2，就要选择"低"拍；音符上面有点标记，如i，就要选择"高"拍；音符下面有横线的，如5，就要选择"1/2"拍。

6.3 深度探究——掌控小钢琴

本例要实现的效果是：掌控板脱离计算机运行，如图6-8所示，用5V锂电池供电，能用掌控板上的6个触摸按键来弹音乐，蜂鸣器同步发声。

图6-8 掌控板脱离计算机运行

1. 熟悉"上传模式"主界面

本例中掌控板要脱离计算机运行，就需要将程序上传到掌控板中，在"实时模式"下不能上传，而要在"上传模式"下进行。

在Mind+中，执行"项目"→"新建项目"命令，在菜单栏右方单击"上传模式"按钮就会进入"上传模式"主界面，还是同在"实时模式"中一样，先将掌控板与计算机连接，通过左下方的"扩展"按钮选择掌控板后，调出掌控板语句，并在菜单栏中连接好串口，这时的"上传模式"主界面如图6-9所示。

Mind+"上传模式"主界面大致分为5个区域，分别是模块区、编程区、代码区、菜单栏和串口监视器。与"实时模式"相比，没有了舞台区、角色区、背景区，因为编写的程序是上传到掌控板的，要脱离计算机运行，所以就不需要了。代码区有"自动生成"和"手动编辑"两个选项，当选择"自动生成"选项时，在编程区编写的图形化程序会自动生成代码，供代码爱好者学习；当选择"手动编辑"选项时，可自主用代码编程，编程区不会出现对应的图形化程序块。串口监视器可以查看编译、上传过程等。

图6-9　Mind+"上传模式"主界面

2.　编写程序

在Mind+"上传模式"下，如果主控板选择的是掌控板，就会在编程区自动出现如图6-10所示的循环执行框。

由于程序会上传到掌控板，并脱离计算机，程序的运行没有了"实时模式"时的运行按钮来启动，所以一般主要程序语句都放在循环执行框中，通过条件语句的判断来运行。只执行一次的语句可放在循环执行框外面。

本例按设计要求，拟在掌控板显示屏上显示"手掌钢琴"文字，当分别触摸按键P、Y、T、H、O、N时，蜂鸣器对应的发声为中音音符1、2、3、4、5、6，节拍为1拍。图6-11为"手掌钢琴"参考程序。

循环执行框上面的两条语句为在掌控板显示屏上显示"手掌钢琴"文字，只执行一次，所以放在程序外面。

循环执行框里面的6个条件语句框是用来实现弹琴功能的。掌控板上的每个触摸按键实际上是一个独立的开关，有"接通"和"断开"两种状态。判断条件语句专门检测触摸按键的状态，可选择不同的触摸按键和开关状态，本例中状态全部设置为"接通"状态，即触摸按键时，电路连通，蜂鸣器发声。

3. 上传程序

程序编写完成后，要上传到掌控板，才能测试效果。如图6-12所示，单击编程区右上方的"上传到设备"按钮，就会出现上传进度条，串口监视器会显示编译、上传内容及进度。若上传错误，在进度条上和串口监视器都会出现提示，那么就要修正程序。

图6-10　循环执行框　　图6-11　"手掌钢琴"　　　图6-12　上传程序到掌控板
参考程序

4. 调试完善程序

上传成功后，就可弹手掌钢琴了，用手触摸不同的按键，能听到不同的音乐声。但是我们发现，当触摸一个按键后，音乐延时较长，不能立即按下一个键，这就是将节拍设为1拍后的结果，可以将程序中的节拍修改为1/2或1/4拍试试，直到自己满意为止。

程序调试完成后，掌控板就可脱离计算机，用外接电源供电来弹手掌钢琴。

6.4　课后练习

用掌控板手掌钢琴弹奏《小星星》乐曲。

第 **7** 课　电子秒表

学习目标

* 认识A、B按钮，了解输入、输出信号。
* 学会应用运算符处理数据。
* 体验变量与算法的灵活应用。

器材准备

　掌控板、USB数据线（Type-C接口）、带USB输出口的5V锂电池。

7.1　预备知识——A、B按钮和输入、输出信号

如图7-1所示，在掌控板上边缘有A、B两个按压式按钮，按钮有"按下"和"松开"两种状态。

图7-1　掌控板上的A、B2个按钮

输入信号是指外界给掌控板的信号。按钮是一种非常典型的输入信号，当按下按钮时为低电平（0），松开按钮时为高电平（1），掌控板得到不同的信号后可做出相应的响应。

与输入信号对应的是输出信号，即掌控板反馈给外界的信号，例如点亮LED灯、显示屏上显示文字、蜂鸣器发声等。在后面的学习中，我们还将接触到其他输入信号，例如光线、声音强度的变化等；也有其他的输出信号，例如输出语音、转动电动机等。

7.2　引导实践——电子秒表

本例要实现的效果是：如图7-2所示，掌控板脱离计算机，用外部电源供电，应用掌控板显示屏显示计时秒数。按按钮A开始计时，按按钮B停止计时，再按按钮A时则重新计时。

图7-2　电子秒表

1.　熟悉按钮A、B的控制语句

打开Mind+，在"上传模式"下，将掌控板与计算机连接好，通过"扩展"按钮调出掌控板控制语句。展开掌控板控制语句，将 作为触发事件语句，主要在"实时模式"下使用； 作为判断条件，要和条件语句框配合，在"实时模式"和"上传模式"下使用更广泛，语句中可方便选择按钮和状态设定。

2.　编写程序

本例在掌控板显示屏上显示的文字有不变的"电子秒表"和按规律变化的计时秒数。"电子秒表"直接用显示文字的语句即可，对于秒数，如图7-3所示，用新建数字类型变量"秒"表示，另外，还新建了一个数字类型变量"判断"，用来判断是按了A按钮还是B按钮。

关于计时，使用 和 就能完成计时任务。图7-4为电子秒表的参考程序。

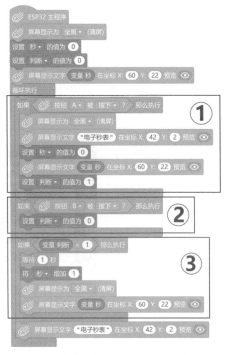

图7-3 新建的2个数字类型变量　　　图7-4 电子秒表参考程序

　　程序循环语句框上面的三条语句设置2个变量的初始值和显示秒数为"0"。循环语句框里面的最后一条语句是固定显示"电子秒表"这个名称。循环语句框中有顺序排列的三个条件语句框，1号框是当按了A按钮后，执行显示"电子秒表"和"0"，最重要的是将变量"判断"的值设为"1"；2号框是当按了B按钮后，将变量"判断"的值设为"0"；3号框是当变量"判断"的值为"1"时（即按了A按钮）开始计时，并在掌控板显示屏上显示出来。计时过程中，若按了B按钮，"判断"的值会设为"0"，同时会停止计时；若按了A按钮，则重新开始计时。

3. 上传调试程序

　　在"上传模式"下，程序只有上传到掌控板后才能调试。本例中可能要修改的地方是文本和数字在显示屏上的显示位置。调试完成后，用5V锂电池供电，使掌控板脱离计算机运行，并用这个"电子秒表"计时。

7.3 深度探究——有分钟和秒位显示的电子秒表

本例要实现的效果是：如图7-5所示，当计时达到60秒时，电子秒表能自动进位到分钟来计时。

图7-5　电子秒表能自动进位到分

1. 编写程序

在Mind+"上传模式"下，将掌控板与计算机连接好，通过"扩展"按钮调出掌控板控制语句。

我们首先要明白时间的六十进制，即满60进1，也就是60秒计为1分钟，60分钟计为1小时。前面例子中的"电子秒表"只用秒来计时，没有将秒转化为分。现在，我们在前面例子的基础上增加了分钟位，就要涉及进制的问题，按按钮A开始计时，达到60秒时，分钟位变为1，秒位变成0，然后继续，当秒位又达到60秒时，分钟位变为2，秒位又变为0，如此循环，按按钮B停止计时。

我们在图7-4中电子秒表参考程序的基础上修改和增加语句。将图7-4中程序3号条件语句框中的 ▊屏幕显示为 全黑▾ (清除) 删除，将 ▊屏幕显示文字 变量 秒 在坐标X: 68 Y: 22 预览 移出3号框，放在编程区，下面的程序会用到。在3号条件语句框下面增加一个如图7-6所示的两条分支的条件语句框。

这个条件语句框用来编写当计时小于、大于、等于60秒时的执行语句。图7-7为这个语句框中的语句。

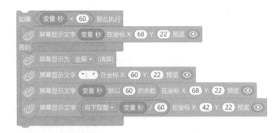

图7-6 两条路径的条件语句框　　　图7-7 两条分支的条件语句框中的语句

当条件 变量秒 < 60 满足时，即计时小于60秒时，执行 屏幕显示文字 变量秒 在坐标 X: 68 Y: 22 预览 语句，即显示秒数；当条件 变量秒 < 60 不满足时，即等于或大于60秒时，执行下面"否则"框中的语句。语句 屏幕显示文字 ": " 在坐标 X: 60 Y: 22 预览 是在分和秒之间显示分隔符"："，在图7-4电子秒表参考程序的1号语句框中也要插入这一条语句。

屏幕显示文字 变量秒 除以 60 的余数 在坐标 X: 68 Y: 22 预览 是显示秒位的语句。因为时间是60进制，即满60秒就是1分钟，秒位要始终小于60。程序中的语句 变量秒 除以 60 的余数 是在计时大于或等于60秒的情况下，使秒位总小于60。如当计时为60秒时，$60 \div 60 = 1 \cdots \cdots 0$，余数为0，则秒位上显示0；当计时为119秒时，$119 \div 60 = 1 \cdots \cdots 59$，余数为59，则秒位上显示59；当增加1秒后，则$120 \div 60 = 2 \cdots \cdots 0$，则秒位上又开始显示0。这样，秒位始终显示0～59。

屏幕显示文字 向下取整 变量秒 / 60 在坐标 X: 42 Y: 22 预览 是显示分钟位的语句。向下取整 变量秒 / 60 的作用是将计时秒数除以60转化为分钟位上的整数，如计时为96秒，$96 \div 60 = 1 \cdots \cdots 36$，则语句会"向下取整"为1，即分钟位上就是1，同时上面获取秒位数字的语句 变量秒 除以 60 的余数 只取余数36。所以96秒就会在显示屏上显示正确的计时结果"1：36"。

向下取整 变量秒 / 60 语句块是在"模块区-运算符"中选择 绝对值 ○ 语句，如图7-8所示，选择"向下取整"选项，再选择 ○/○ ，组合搭建。

显示分钟和秒位的电子秒表的完整参考程序如图7-9所示。

2. 调试完善程序

将完成后的程序上传到掌控板，实际操作一下，看能否达到计时要求。本例中可修改程序的地方是分位、秒位显示的位置。

图7-9　电子秒表参考程序

图7-8　数学计算方式

7.4　课后练习

用掌控板制作一个倒计时器。用户可以用按钮B自定义倒计时时间（最多1分30秒），用按钮A开始计时，开始计时时LED灯全部显示绿色，在掌控板显示屏上显示倒计时时间，倒计时完成后，蜂鸣器发出警报声，LED灯全部显示红色。

第 **8** 课　噪声报警器

8.1　预备知识——传感器等的介绍

1. 传感器

传感器是一种检测装置，能感受到被测量的信息，并能将感受到的信息按一定规律变换成为数字信号。计算机的优势在于对数字信号的识别和处理，但我们生活的世界并不是都能用数字化的0和1表示所有现象。例如温度，它会在一定范围内连续变化，而不可能发生像从0到1这样的瞬时跳变，类似这样的物理量在科学上称为模拟量。计算机是无法直接处理这些模拟量的，必须经过传感器的模数转换变成数字信号后，才能被计算机进一步处理。

2. 麦克风

掌控板自带麦克风，也叫声音传感器，声音传感器对环境声音的强度非常敏感，一般用来检测周围环境的声音强度。掌控板麦克风位于显示屏的左边，如图8-1所示。

如图8-2所示，常见的声音传感器的工作原理为，传感器中内置一个对声音敏感的电容式驻极体话筒，声波使话筒内的驻极体薄膜振动，导致电容变化，而产生与之对应变化的微小电压，这一电压随后被转化成0～5V的电压，经过A/D转换（模拟量转化成数字信号），被数据采集器接受并进行传送。

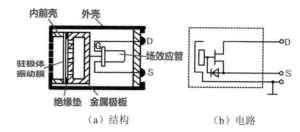

图8-1 掌控板麦克风　　　　图8-2 声音传感器的内部结构和电路图

生活中广泛使用的声控灯、智能电视等声控设备，都应用了声音传感器。在当今人工智能时代，声音传感器的应用领域更是不断扩大，从机器人到航空航天等现代科技领域，都离不开声音传感器的使用。

3. 串口监视器

在Mind+中，我们会经常用到串口监视器。位于界面右下方的串口监视器如图8-3所示，由主窗口和控制按钮组成。

图8-3 串口监视器

串口是串行接口的简称，也称为串行通信接口或COM接口，串口通信可在不同电子设备之间交换数据。在Mind+中，串口监视器能在掌控板和计算机之间建立联系，我们在计算机上通过串口监视器能看到程序上传时的情况，有是否成功的提示信息。还能在串口监视器上实时看到传感器采集的数据，如光、温度、声音等变量的变化。

同时，我们也能编写程序，通过串口向掌控板发送数据，从而控制其他元器件。串口监视器是调试、修改程序的重要助手。

4. 噪声

噪声一般指音量过大而危害人体健康的声音。从物理学的角度看，噪声是发声体做无规则振动时发出的响度（音量）过大的声音。

在Mind+中，麦克风获取的声音音量（响度）大小的返回值用数值表示，范围为0～4095。一般大于1000就是轻微噪声，大于2000就是中度噪声，大于3000就是重度噪声。

8.2 引导实践——掌控板上显示声音音量值

本例要实现的效果是：如图8-4所示，应用掌控板上的麦克风采集声音，显示屏同步显示声音音量值。

图8-4 掌控板上显示声音音量值

1. 用串口监视器查看声音的音量值

打开Mind+，在"上传模式"下，将掌控板与计算机连接好，通过"扩展"按钮调出掌控板控制语句。展开掌控板控制语句，将"串口操作"中的 [串口3 · 字符串输出 · hello 换行] 语句拖到编程区"循环执行"框中，将"板载传感器"中的 [读取麦克风声音强度] 语句拖放到输出内容中，编写如图8-5所示的串口显示声音音量的程序。

将程序上传到掌控板，如图8-6所示，单击"打开串口"按钮打开串口监视器，对着掌控板麦克风说话，就能在串口监视器中看到声音的音量值。

图8-5　串口显示声音音量的程序

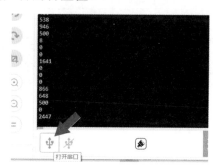

图8-6　查看声音音量的值

多做几次实验，体会一下音量值为1000、2000、3000时的声音。

2. 编写程序

前面我们用串口监视器查看了声音音量的值，本例要在掌控板显示屏上显示声音音量值，可以在上面的程序基础上修改，图8-7为编写完成后的参考程序。

图8-7　显示声音音量值的参考程序

语句是在显示屏上合并显示两部分内容，一个是固定的字符"声音音量："，一个是动态变化的声音音量。语句是用"运算符"中的语句块来编写。中显示文字为空白，用空格代替，这条语句用来遮挡"读取麦克风声音强度"数值，由于音量值最多只有4位，所以至少要有4个空格。在掌控板显示屏上一个中文字符的大小是固定的16×16像素，一个英文字符的大小为16×8像素。字符"声音音量："在X轴上共有16×4+8=72像素，所以，要遮挡"读取麦克风声音强度"数值，空格的坐标X的起始点就是72。

3. 测试效果

上传程序到掌控板，外接电源供电，用掌控板显示外界环境声音的音量值。

8.3 深度探究——噪声报警器

本例要实现的效果是：噪声报警器用掌控板LED灯来报警，轻度噪声时亮1个红灯；中度噪声时亮2个红灯；当重度噪声时亮3个红灯。显示屏同步显示实时的声音音量值，如图8-8所示，声音音量达到2322，是中度噪音，2个LED灯发出红光。

1. 编写程序

在Mind+"上传模式"下，新建一个文件，将掌控板与计算机连接好，通过"扩展"按钮调出掌控板控制语句。

图8-9为噪声报警器的参考程序。

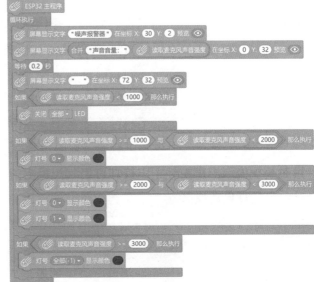

图8-8 噪声报警器　　　　　　　　　　图8-9 噪声报警器参考程序

从图8-9中可以看出，在循环语句框内，前4条语句是在掌控板显示屏上显示实时声音音量值，后面是由4个单条件语句框组成的程序主体结构。第一条条件语句是当麦克风采集的声音音量小于1000，即不是噪声时，LED灯全部不亮；第二条条件语句是当麦克风采集的声音音量大于或等于1000、小于2000，即轻度噪声时，1个LED灯发出红光；第三条条件语句是当麦克风采集的声音音量大于或等于2000、小于3000，即中度噪声时，2个LED灯发出红光；第四条条件语句是当麦克风采集的声音音量大于或等于3000，即是重度噪声时，3个LED灯发出红光。

第2、3条条件语句中应用了 ▭与▭ 指令语句块，"与"指令是一种逻辑运算指令，逻辑运算一般用来判断一个事件是真还是假，"与"指令表示两侧条件同时成立，则结果为真，否则结果为假。编程中常见的逻辑运算还有 ▭或▭ 指令语句和 ▭非▭ 指令语句。"或"指令表示两侧条件只要有一个条件成立，则结果为真；"非"指令表示将真假取反。

编程中常见的"+、-、*、/"统称为算数运算，算数运算的结果为某个数值。

2. 调试并完善程序

将完成后的程序上传到掌控板，实际操作一下，看能否达到噪声报警的要求。根据实际需求，本例中可修改程序的地方是声音音量的值。

8.4　课后练习

用掌控板做一个声控灯。声控灯可用掌控板上的LED灯代替，要求声音较大时灯亮，过一会儿灯自动熄灭。

第**9**课 光线强弱报警器

9.1　预备知识——光线传感器

掌控板自带光线传感器，光线传感器是用来感知光线强弱的传感器，位于显示屏的右侧，如图9-1所示。光线传感器一般利用半导体的光电效应制成的、电阻值随光的强弱而改变的电阻器，入射光强，电阻减小；入射光弱，电阻增大，光线传感器能把光信号变成电信号。

图9-1　掌控板光线传感器

在Mind+中，掌控板光线传感器的返回值为0～4095，即将光线强度分成4096份，4095表示最强，0表示最弱。光线越强，数值越大；光线越弱，数值越小。

平板计算机和手机都配备有光线传感器。光线传感器一般位于手持设备屏幕上方，能根据手持设备所处的光线亮度，自动调节手持设备屏幕的亮度，给使用者带来最佳的视觉效果。

57

9.2　引导实践——光控灯

在房间里或学校教室里学习时，当光线强时不用开灯；当光线太暗时，就要开灯；当光线稍有点弱时，可将灯光调弱一点，保证达到正常的光线水平即可。我们可以用掌控板做一个光控灯来模拟这个场景。

本例要实现的效果是：如图9-2所示，用手电筒调节掌控板光线传感器上的光线强弱，在1号图中，用手电筒直射光线传感器，这时光线最强，在掌控板显示屏上显示光的强度为4095，掌控板三个LED灯不亮，显示屏上同步显示LED亮度为0；2号图中，将手电筒向下移开一点，光的强度变为3059，掌控板三个LED灯亮了，显示屏上显示LED亮度为2；3号图中，将电筒继续下移，光的强度变为392，光线太暗了，掌控板三个LED灯亮度增大，显示屏上显示LED亮度为8。

图9-2　用光线控制掌控板LED灯的亮度

1.　用掌控板显示屏查看光线的强度值

打开Mind+，在"上传模式"下，将掌控板与计算机连接好，通过"扩展"按钮调出掌控板控制语句。我们在第8课是用串口监视器来查看麦克风实时的声音强度，从而帮助我们编程。由于掌控板有显示屏，所以，也可以在掌控板中显示传感器感知的外部信息。

展开掌控板控制语句，将"屏幕显示"中的 屏幕显示文字 "Mind+" 在坐标 X 42 Y 22 预览 语句拖到编程区"循环执行"框中，再用"运算符"中的 合并 "hello" "world" 语句和"板载传感器"中的 读取环境光强度 语句组合，编写出如图9-3所示的用显示屏查看光线强度值的程序。

　　将程序上传到掌控板，如图9-4所示，我们就能在掌控板显示屏中看到光线实时的强度值。

图9-3　显示屏查看光线强度值的程序　　　　图9-4　显示屏显示光线的强度值

　　在不同亮度的情况下多做几次实验，体会一下光线强度值为1000、2000、3000时的环境亮度。

2. 编写光控灯程序

　　前面我们在掌控板显示屏上显示了实时的光线强度值，本例要求根据环境光线的强弱自动调节掌控板上LED灯的亮度，图9-5为编写的根据光的强弱控制LED灯亮度的参考程序。

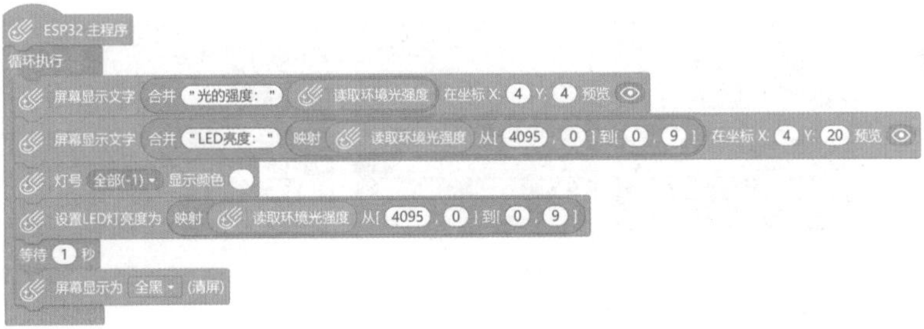

图9-5　根据光的强弱控制LED灯亮度的参考程序

　　设置掌控板LED灯亮度的语句  是由  和  组合而成的，这是应用了Mind+的数据映射功能，数据映射就是在两个数据类型之间建立数据元素的对应关系。本例中，我们将光线强度值与LED亮度值用数据映射建立对应关系，由于掌控板感知的光线强度值设为4095～0（光线由强到弱），通过映射为LED亮度值0～9（亮度由小变大），即当光线值为4095时，LED亮度为0；当光线值为0时，LED亮度为9；当光线值为其他值时，程序都会映射出对应的亮度值。

3. 测试效果

上传程序到掌控板，外接电源供电，改变掌控板光线传感器处的光线强度，观察三个LED灯的亮度变化。

9.3 深度探究——光线强弱报警器

本例要实现的效果是：如图9-6所示，将掌控板放在光线强度不同的场景中，当光强度在1000～3000时，表示光线正常，如2号图所示，只有中间LED灯发出绿光，显示屏显示光强度值；当光强度小于1000时，表示光线弱，如1号图所示，左边LED灯发出红光，显示屏显示光强度值和提醒文字"光线太暗，请开灯"；当光强度等于或大于3000时，表示光线太强，如3号图所示，右边LED灯发出红光，显示屏显示光强度值和提醒文字"光线太强，关窗帘"。

图9-6 掌控板在不同场景下的反馈

1. 编写程序

在Mind+"上传模式"下，新建一个文件，将掌控板与计算机连接好，通过"扩展"按钮调出掌控板控制语句。

光线强弱报警器的参考程序如图9-7所示。

循环执行框架中，前面4句的作用是在掌控板显示屏上显示实时的环境光线强度值。程序主体为三个条件语句块，从上至下条件为：环境光线强度小于1000（即光线暗）、大于或等于1000且小于3000（即光线亮度适中）、大于3000（光线强），对应的反馈分别为左边的LED灯亮红光并闪烁、中间LED灯亮绿光、右边的LED灯亮红光

并闪烁，同时还有对应的屏幕文字提醒显示。条件语句中的等待0.2秒和关闭LED灯语
句是为了形成LED灯闪烁的效果。

图9-7 光线强弱报警器参考程序

2. 调试修改

将程序上传到掌控板，外接电源，放在不同光线强度的环境中，观察LED灯和显
示屏的反馈信息，看能否达到根据光线强弱报警的目的。程序中可根据个人对实际环
境中光线的适应情况调整三种情况下的光线强度范围。

9.4 课后练习

本课中的光线强弱报警器只有红灯和文字提醒，若同步有声音报警就更完美了。
前面我们学习过蜂鸣器，试试看，在光线强或弱时，可同步听到报警声，并且还要有
区别，光线弱声音低，光线强声音高。

第 10 课　随身计步器

10.1　预备知识——认识加速度传感器

1. 加速度

加速度是描述物体速度变化快慢的物理量。

牛顿第一定律告诉我们：物体如果没有受到力的作用，运动状态就不发生改变。由此可知，力是物体运动状态发生改变的原因，也是产生加速度的原因。

通过测量由于重力引起的加速度，可以计算出设备相对于水平面的倾斜角度。通过分析动态加速度，可以分析出设备移动的方式。为了测量并计算这些物理量，便产生了加速度传感器。

2. 三轴加速度传感器

加速度传感器是一种能够测量加速力，并将加速力转换为电信号的电子设备。加速力就是物体在加速过程中作用在物体上的力，如同物体下落时，受到的重力作用。

如图10-1所示，掌控板自带一个三轴加速度传感器，能够测量由于重力引起的加速力，测量范围为 -2g～+2g。

如图10-2所示，三轴加速度传感器对加速度值的测量沿X、Y、Z轴进行，每个轴的测量值为正数或负数，正数趋近于重力加速度g的方向。当读数为 0 时，表示加速度传感器沿着该特定轴"水平"放置。

图10-1 掌控板三轴加速度传感器

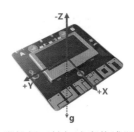

图10-2 掌控板三轴加速度传感器的三轴

10.2 引导实践——读取加速度传感器感知的加速度值

在Mind+中，定义掌控板有触摸按键的一边为后，平放在桌面上，快速前移时，X值增加，最大为2.00，快速后移时，X值减小，最小为-2.00；快速左移时，Y值增加，最大为2.00，快速右移时，Y值减小，最小为-2.00；快速下移时，Z值增加，最大为2.00，快速上移时，Z值减小，最小为-2.00。

本例要实现的效果是：如图10-3所示，用手握住掌控板在X、Y、Z轴上任意移动，在掌控板显示屏上，能实时显示由三轴加速度传感器感知来的，在掌控板运动时在X、Y、Z三个轴上的加速度值。

图10-3 掌控板显示屏显示的加速度值

1. 编写程序

在Mind+"上传模式"下，新建一个文件，将掌控板与计算机连接好，通过"扩展"按钮调出掌控板控制语句。

编写的读取掌控板加速度传感器感知值的参考程序如图10-4所示。

在Mind+中，读取加速度传感器感知值的语句为 读取加速度的值(m·g) X·，单击程序块右边的选择按钮，可弹出下拉窗口，X、Y、Z对应掌控板运动的三个方向，X为前后，Y为左右，Z为上下，强度为三个方向的矢量（矢量表示带有方向的量）。程序块中加速度值的单位为mg（毫克），在程序中将其除以1000，转化为g（克）。

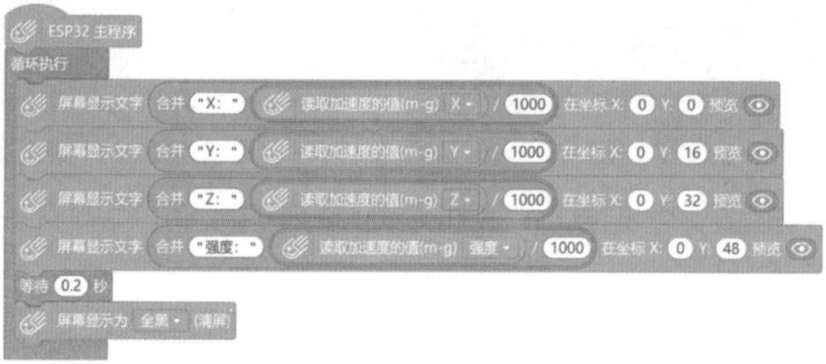

图10-4　读取加速度传感器感知值的参考程序

2. 测试修改程序

将程序上传到掌控板，晃动掌控板，能在掌控板显示屏中看到加速度传感器的感知值。

实际操作时发现，一边晃动掌控板，一边看屏幕值，非常不方便，而且也无法看到数值变化的历史记录，有没有更好的查看数值的方法呢？其实通过前面学过的串口监视器也可以看到加速度值。

将编写的  语句放在图10-4的程序中，如图10-5所示，就能在Mind+中的串口监视器中查看X、Y、Z轴方向上的加速度值。

图10-5　添加了通过串口监视器显示加速度的程序

将程序上传，打开串口监视器，如图10-6所示，我们可以看到，串口监视器和掌控板显示屏同步显示加速度值。

可以继续完善程序，将Z轴、强度加速度值用串口监视器显示出来。

图10-6　串口监视器和掌控板显示屏同步显示加速度值

10.3　深度探究——随身计步器

本例要实现的效果是：给掌控板随身计步器外接电源，绑在腿上或手持，保持掌控板向上（有按钮A、B的一边），与地面垂直。在没有开始计步时，如图10-7中1号图所示，掌控板显示屏上显示"按下A键开始计步"提示语；当按下A键后，如2号图所示，显示屏显示"按下B键停止计步"提示语，开始走路，若手持，胳膊一定要与腿部同步前后摆动，这时显示屏上就会出现实时步数；当要停止计步时，可按下B键，如3号图所示，步数停止，显示屏又显示"按下A键开始计步"提示语。

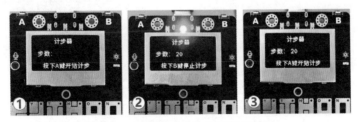

图10-7　掌控板随身计步器使用效果

1.　实践确定计步强度值标准

掌控板运行图10-5中的程序，在走路时通过串口监视器查看加速度传感器感知的X、Y、Z三个方向和强度的值，会发现变化最明显的是强度值。因为强度值是综合X、Y、Z三个方向的值得到的矢量和，任一方向的值发生变化，强度值都会变化，因此，我们应该选择强度值的变化作为计步标准。

在Mind+"上传模式"下，新建一个文件，将掌控板与计算机连接好，通过"扩展"按钮调出掌控板控制语句。我们编写一个测试程序，现场实践，看强度值是多少时，能将步数计量准确，测试参考程序如图10-8所示。

在程序中，新建了一个变量 变量 步数 统计步数，并在显示屏上通过 屏幕显示文字 变量 步数 在坐标X: 50 Y: 25 预览 语句显示出来。条件语句框中的条件 读取加速度的值(m-g) X ▼ / 1000 > 1.5 是加速度传感器感知的强度值大于1.5g。整个条件语句框的功能是，当走路时，加速度传感器感知的强度值大于1.5g时，将 变量 步数 加1，即计步。1.5g的强度值是经过测试得出的，但由于每个人走路的情况不同，计步强度值可能不同，所以要多测几次，修正这个数据。条件语句框下面的 等待 0.3 秒 中的秒数，由走路快慢决定，也要根据个人情况修正。

测试时，如图10-9所示，给掌控板计步器外接电源，绑在腿上或手持，保持掌控板向上（有按钮A、B的一边），与地面垂直，然后再走动。手持时，胳膊要与腿部保持同步摆动。经过多次测试，就能找到比较准确的计步强度值。

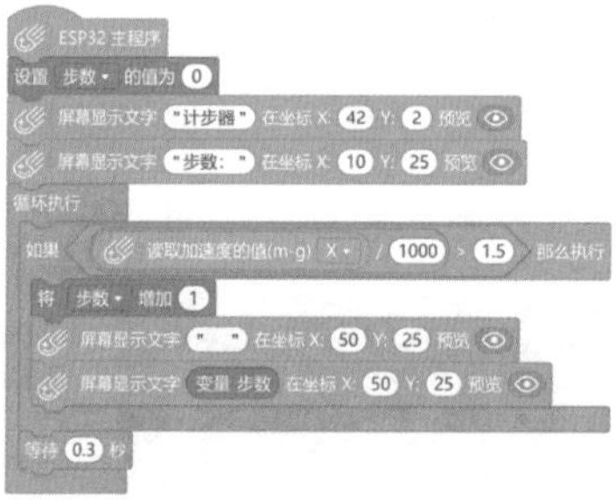

图10-8　测试计步强度值标准的参考程序　　　　　

图10-9　计步测试的姿势

2. 编写随身计步器程序

有了经过上面测试得出的计步强度值标准，就能编写如图10-7所示的掌控板随身计步器程序，图10-10为随身计步器参考程序。

程序中新建了 变量 步数 来统计步数。程序的主体结构为"循环执行"语句框中的三层嵌套的条件语句。最外层的条件语句的功能是，当按下A按钮时从0开始计步，嵌套的 语句框根据条件停止框中语句的执行，即当条件满足时，框中的程序停止运行，否则一直运行。本例中，当按下B按钮时就不执行嵌套的计步语句了，执行框下面的LED灯熄灭语句，停止计步。未按B按钮，要始终循环执行嵌套的计步语句，即加速度传感器感知的强度值只要大于1.5g，步数就加1。

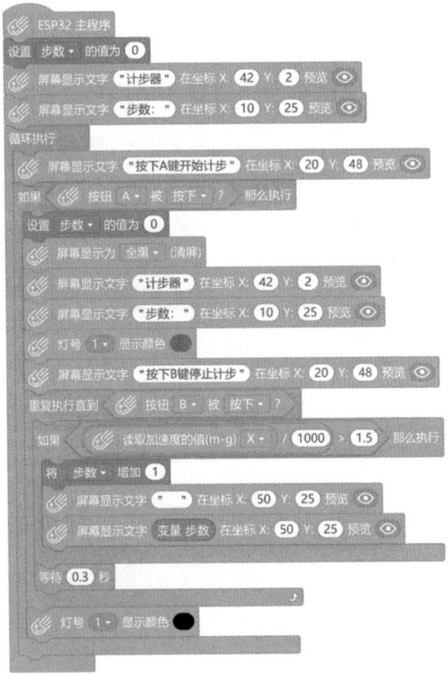

图10-10　随身计步器参考程序

3. 测试实践

将程序上传到掌控板，外接电源，进行测试。分别在绑腿部、手持等情况下测试，还可由不同的人来测试，也可在慢走、快走、跑步等不同方式下测试。

10.4　课后练习

尝试做一个电子骰子，每晃动一次掌控板，在屏幕上随机显示1～6的一个数字，就像掷骰子一样。

第**11**课　综合创意设计—声光控灯

学习目标

＊ 了解创意设计思路。

＊ 会用函数简化程序。

＊ 模拟交通信号灯和楼道声光控灯。

器材准备

掌控板、USB数据线（Type-C接口）、带USB输出口的5V锂电池。

11.1　预备知识——在掌控板上显示图片/绘制图形

在前面的课程中，我们已学习了应用掌控板显示屏显示文字，其实，这个显示屏也能显示图片和绘制简单的图形。

1. 在掌控板上显示图片

在Mind+"上传模式"下，新建一个文件，将掌控板与计算机连接好，通过"扩展"按钮调出掌控板控制语句。本例中，我们在计算机上准备一张掌控板的图片，要在掌控板显示屏显示出来。

从模块区"掌控"→"屏幕显示"中将 屏幕显示图片 在坐标x 39 y 7 语句拖到编程区循环执行框中，如图11-1所示，单击"设置图片"按钮，在展开选项中选择准备好的图片，图片大小可设置，宽不能超过128像素、高不能超过64像素。通过更改x、y坐标的数值来设置图片位置，x、y为图片左上角点的位置，图片位置可预览。

程序编写完成后上传到掌控板，就可看到图11-2中通过显示屏显示的图片。

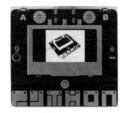

图11-1 在掌控板上显示图片的程序设置　　　图11-2 掌控板显示屏显示图片

2. **在掌控板上绘制图形**

在Mind+"上传模式"下，新建一个文件，将掌控板与计算机连接好，通过"扩展"按钮调出掌控板控制语句。本例中，我们要在掌控板显示屏上绘制一个三角形。

掌控板能直接绘制的图形只有直线、圆、矩形等，三角形是通过绘制三条直线组合而成的。编程前，在纸上画草图设计好三角形的位置坐标，然后再编写程序，如图11-3所示。

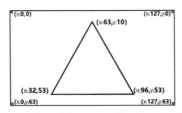

图11-3 通过草图设置三角形位置的坐标

在掌控板上绘制三角形的参考程序如图11-4所示，程序中，第一条语句设置直线的宽度为3，表示线宽为3个像素点，后面的三条语句就是绘制3条直线，语句中的坐标值分别为图11-3中三个顶点的坐标值。

程序编写完成后上传到掌控板，就可看到图11-5中显示屏上的三角形。

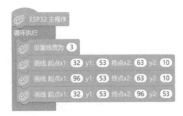

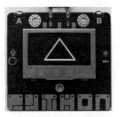

图11-4 绘制三角形的参考程序　　　图11-5 掌控板显示屏上绘制的三角形

11.2 引导实践——交通信号灯及楼道声控灯

1. 用掌控板模拟交通信号灯

（1）设计效果。

十字路口交通信号灯一般由三个LED灯组成，由左至右分别控制左转、直行、右转的车辆。用掌控板模拟交通信号灯要达到的效果是：如图11-6所示，右边的LED灯始终闪烁黄光，显示屏显示右转示意图形，表示在保证安全的前提下，右转车道都可通行；中间LED灯发出绿光10秒，显示屏同步显示直行示意图形，表示车辆可直行；左边的LED灯与中间的LED灯同时发出红光10秒，表示车辆不能左转，如1号图；中间LED灯发出黄光，闪烁3秒后变红光，之后左边的LED灯发出绿光10秒，显示屏同步显示左转示意图形，表示车辆可左转通行，如2号图；左边的LED灯发出黄光，闪烁3秒后变红光，中间LED灯发出绿光10秒，显示屏同步显示直行示意图形，表示车辆可直行。循环执行程序，模拟出交通信号灯效果。

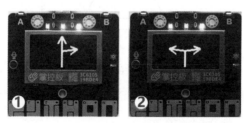

图11-6　掌控板模拟交通信号灯效果

（2）编写程序。

在Mind+"上传模式"下，新建一个文件，将掌控板与计算机连接好，通过"扩展"按钮调出掌控板控制语句。掌控板模拟十字路口交通信号灯的参考程序如图11-7所示。

我们可以看到，编写的程序结构简洁，"循环执行"框中只有2个条件语句框，新建了一个 变量 交通 作为条件进行信号灯的切换。执行框中的红色语句块是函数语句块。

Mind+中的函数一般指具有特定功能的语句组合。在一个程序中，如果其中有些内容完全相同或相似，为了简化程序，可以把这些重复的程序段单独列出，定义为函数。主程序在执行过程中如果需要这部分功能，可以直接调用该函数语句，函数中的程序执行完后又返回到主程序，继续执行后面的程序段。

程序中，我们新建了三个函数，分别是右转、直行、左转，把设置这三种状态的程序编写在各自的函数中。要应用哪种方式时，直接调用函数就行了。图11-8为新建函数的方法。

图11-7　掌控板模拟交通信号灯的参考程序 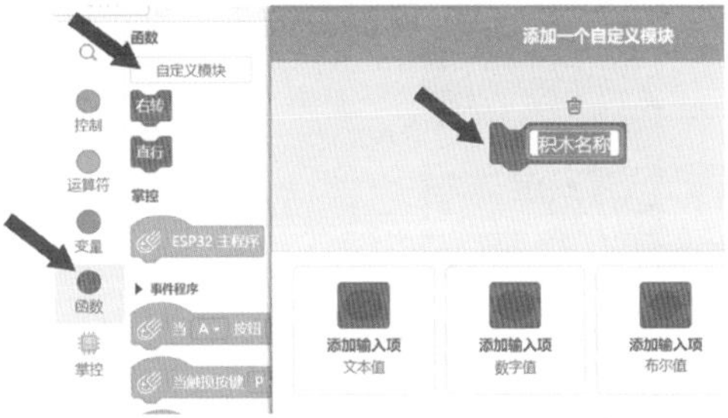　　　　图11-8　新建函数的方法

右转 直行 左转 这三个函数新建完成后，在编程区会出现 定义 右转 定义 直行 定义 左转 语句块，可以分别在这三个语句块下面编写设置功能的程序。

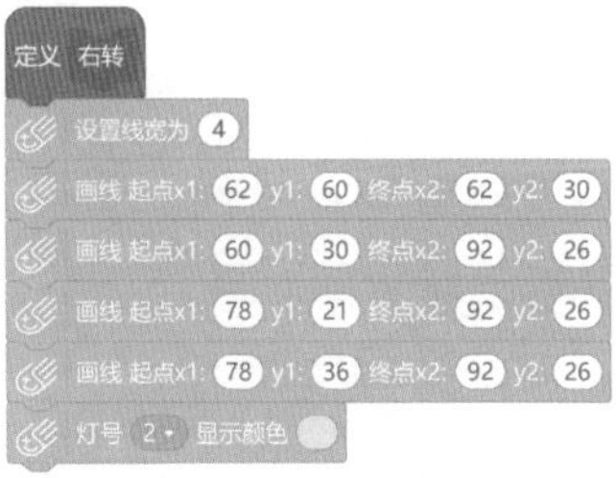

图11-9为编写的"右转"函数中的程序，效果为：掌控板上右边的LED灯发出黄光，显示屏显示右转示意图。程序中，第1条语句为设定线宽，第2条语句画从下往上的直线，第3条语句画斜线，第4、5条语句画右转的箭头，第6条语句设定右边的LED灯发出黄光。

图11-10为编写的"直行"函数中的程序，效果为：掌控板上中间的LED灯发出绿光、左边的LED灯发出红光、显示屏显示直行示意图。程序中，第1条语句为画直线，第2、3条语句画直行的箭头，第4、5、6条语句设定中间的LED灯发出绿光、左边的LED灯发出红光10秒，下边的语句作用是中间的LED灯闪烁2秒后将 变量 交通 设为1，这时程序就会跳到另一个条件语句框，即运行"左转"函数。

图11-9　"右转"函数中的程序

图11-11为编写的"左转"函数中的程序，效果为：掌控板上左边的LED灯发出绿光、中间的LED灯发出红光、显示屏显示左转示意图。程序中，第1条语句为画左转斜线，第2、3条语句画左转的箭头，第4、5、6条语句设定左边的LED灯发出绿光、中间的LED灯发出红光10秒，下边的语句作用是左边的LED灯闪烁2秒后将 变量 交通 设为0，这时程序就会跳到另一个条件语句框，即运行"直行"函数。

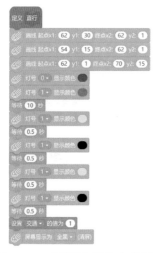

图11-10　"直行"函数中的程序

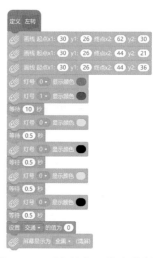

图11-11　"左转"函数中的程序

这3个函数中的程序编写完成后，可以如图11-12所示将其折叠，这样，整个程序就会如图11-7所示一样简洁，需要修改时可随时展开。

（3）完善程序。

程序上传后，就会在掌控板中呈现模拟交通信号灯的效果。可修改程序中画箭头的坐标值，将图形画得更好看。一个完美的作品都是在不断修改、测试中产生的。

图11-12　程序块的折叠

2. 用掌控板模拟楼道声光控灯

（1）设计效果。

楼道的声光控灯一般有这样的功能：光线强时，即使声音再大，灯也不会亮；光线弱时，增大脚步声或拍拍手，灯就会亮，过一会儿又会自动熄灭。我们可以用掌控板模拟这个效果，如图11-13所示，用掌控板LED灯模拟楼道声光控灯，1号图中，光很强，声音也很大，但LED灯不亮；2号图中，光线很暗，有声音，LED灯就亮了。

图11-13　掌控板模拟楼道灯效果

（2）编写程序。

把上面的交通信号灯程序保存后再新建一个文件，要重新通过"扩展"按钮调出掌控板控制语句块。

编写的楼道声光控灯参考程序如图11-14所示。

本例中应用了掌控板自带的光线传感器和麦克风来感知光的强弱、声音的大小，循环执行框架中，第1、2条语句就是将感知的光的强弱和声音的值在显示屏上显示出来，方便测试。

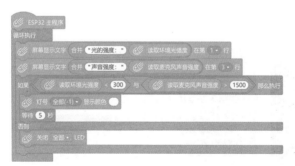

图11-14　楼道声光控灯程序

程序的主体结构为双分支条件判断语句，其中的条件应用了并列结构 ◆ 与 ◆，两个条件都要满足，缺一不可，即光线要弱到一定程度，同时声音要大到一定程度。我们在程序中设置了光线强度小于300和声音强度大于1500同时满足为亮灯的条件，这就能模拟出晚上人上楼的场景。晚上光线暗（光线强度小于300），拍拍手（使声音强度大于1500），两个条件都满足了，则执行全部LED灯亮，并持续亮5秒。当人进入家门后，由于声音强度降低，不再达到大于1500，所以就会执行"否则"框中的语句，即LED灯全熄灭。如果是白天，光线强度不会小于300，无论声音强度多大，两个条件都不能同时满足，LED灯就不会亮了。

3. 调试修改

本例的调试主要是光线强度值和声音强度值大小的设置。可以应用掌控板显示屏作为辅助。设置完成后，程序的第1、2行可删除，因为其不影响楼道声光控灯执行的效果。

11.3　课后练习

声音的高低组合构成了生活中的美。我们可以运用掌控板上的显示屏、麦克风传感器制作一个用图形显示声音大小的装置，通过柱状图显示声音大小的程序如图11-15所示，这样的图形直观、形象，使人一目了然。

图11-16为用柱状图显示声音大小的参考程序，上传到掌控板试试效果。

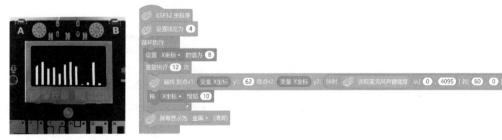

图11-15　柱状图显示声音大小　　　　图11-16　柱状图显示声音大小的参考程序

请修改程序，使柱状线条更多、更精细。

第 12 课　外接LED灯的控制

学习目标

* 认识掌控板I/O扩展板（后面统称扩展板）。
* 认识LED灯、开关、方PIN线等器材。
* 用按钮开关控制LED灯。

器材准备

　　掌控板、USB数据线（Type-C接口）、带USB输出口的5V锂电池、扩展板、按钮开关、LED灯、3PIN线。

12.1　预备知识——扩展板

1. 认识扩展板

　　为了利用掌控板进行数字作品的开发，让其连接更多的传感器和执行器，需要应用扩展板。图12-1所示为两种扩展板，从图中可看出，它们都扩展出了多个I/O口和I2C口，可接入更多的传感器和执行器，包括电动机接口等输入和输出接口。

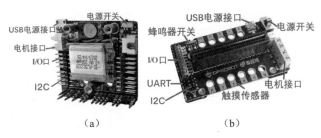

（a）　　　　　　　　　　（b）

图12-1　两种扩展板

　　图12-1（a）中的扩展板也叫掌控宝，是深圳盛思科教文化有限公司专门给掌控板配套开发的自带电池的扩展板。

　　图12-1（b）中的扩展板是DFRobot开发的与掌控板和micro: bit板兼容的扩展板，

如图12-2所示，掌控板正面插入才能正常使用，要使用micro:bit板时则要反面插入。为了方便接线和加强对电路的理解，本书使用这个扩展板进行范例设计。

2. 认识3个元器件

（1）PCB LED灯。

图12-3所示的元器件为PCB LED灯，与掌控板自带的RGBLED灯能发各种颜色的光不同，这个PCB LED灯的发光颜色是固定的。PCB LED灯接口中有三个接线引脚，通过接口用连接线与扩展板连接，其中中间的引脚"+"和右边的引脚"-"是给LED灯供电的电源引脚，左边的引脚是"信号"引脚，用来接收掌控板发射的信号，从而控制LED的灯状态，所以，LED灯是输出设备。PCB印制电路板上设计有过流过压的保护电路，不会烧坏LED灯。

图12-2 掌控板与扩展板的连接

图12-3 PCB LED灯

（2）按钮开关。

图12-4所示的元器件为按钮开关，本质上是一个传感器，同LED灯一样，接口中也有三个接线引脚，分别是OUT、+、-。与LED灯不同的是，其OUT引脚是向掌控板发射信号的，是输入设备，并且输入的是数字信号，上面标有字母"D"。通过按压按钮才能输出数字信号，与扩展板结合，能够制作非常有趣的互动作品。

（3）方PIN线和对应接口。

PIN是针的意思，方PIN线在日常生活中经常要用到，如给手机充电的USB线、台式计算机中的各种连接线都是方PIN线。方PIN线的优点是连接方便，稳定性好。本书中我们将使用如图12-5所示的3PIN线和4PIN线连接各种元器件。

图12-4　按钮开关　　　　　图12-5　3PIN线和4PIN线

3PIN线或4PIN线由不同颜色的电线组成，其中的红线接+（3V或5V），黑线接-（GND），绿线和蓝线是信号线。白色线头接元器件，图12-6为3PIN线与LED灯的连接方式，直接将3PIN线头插进接口即可，由于白色线头与接口有卡位限制，不会插错。黑色的线头是引脚，专门用于接扩展板上的引脚，没有卡位限制，要避免接线错误。4PIN线黑色线头引脚如图12-5所示，有两种，一种引脚是分开的（中间的4PIN线），另一种引脚是不分开的（右边的4PIN线），可根据连线要求进行选择。

图12-6　3PIN线与LED灯的连接

3. **认识数字电路的语言——0和1**

二进制是现代计算技术中广泛采用的一种数制，只有两个数字——0和1。我们生活中应用的多为十进制，即满10进1，二进制是满2进1。

数字电路中也常用到0和1，1表示电路通，0表示电路断。在掌控板或扩展板上，板载电压为3.3V或5V，就用"高电平"表示，二进制表示就是1。若设定电压为0V，就是"低电平"，二进制就是0。对于"数字输出"，我们设定为"高电平"时，二进制表示就是1，LED灯亮；设定为"低电平"时，二进制表示就是0，LED灯不亮。

12.2　引导实践——用按钮开关控制PCB LED灯

本例要实现的效果是：将掌控板、PCB LED灯、按钮开关分别与扩展板连接，编写程序上传到掌控板，按下按钮开关后，PCB LED灯亮；不按按钮开关时，PCB LED灯不亮。

1.　电路连接

如图12-2所示，将掌控板插入扩展板，有显示屏的一面面向扩展板上有文字"掌控板"的这一边。如图12-7所示，扩展板左侧扩展出了P0～P16共10个I/O接口引脚，可以连接各种传感器、执行器等模拟、数字输入、输出设备，其中P3、P4、P5等没有扩展出来，是因为这些接口已连接掌控板上的按钮、麦克风、光线传感器等元器件。掌控模式下，P12接口不能使用，蜂鸣器也不能使用，关闭蜂鸣器才可正常使用P0口。I/O接口采用引脚方式，中间引脚为正极（+），左边引脚为负极（-），分别用红色和黑色区分，专门给接入设备供电，右边的绿色引脚专门用来输入或输出信号。

本例中，我们拟将PCB LED灯接在P9引脚上。先把1根3PIN线的白头插入PCB LED灯的接口中，再将另一黑头引脚对好颜色插入P9这一行的引脚，注意黑色对黑色、红色对红色、绿色对绿色插入。将按钮开关接在P2这一行的引脚上，方法同接入LED灯一样。图12-8为连接好的电路。

图12-7　扩展板上I/O引脚接口

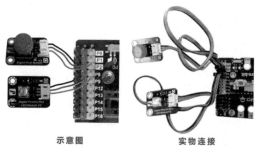

图12-8　PCB LED灯与按钮开关接在扩展板上

2. 编写程序

在Mind+"上传模式"下，新建一个文件，将掌控板与计算机连接好，通过"扩展"按钮选择主控板为掌控板，并调出"掌控"语句模块，再通过"扩展"按钮选择名为"micro:bit&掌控板"的扩展板，并调出"扩展板"语句模块。

本例中用到的引脚控制语句如图12-9所示，在"掌控"模块中的"引脚操作"下方。

本例的程序很简单，参考程序如图12-10所示。

图12-9　引脚操作语句

图12-10　按钮控制LED灯的参考程序

程序中应用了一个双分支条件语句框，条件语句 读取数字引脚 P2 用于读取接在P2引脚的按钮是否发出了数字信号，即是否按下了按钮，发出了数字信号1。这时，如果按下按钮开关，就会发出数字信号1，那么就会执行 设置数字引脚 P9 输出 高电平 语句，向连接在P9引脚上的LED灯输出"高电平"，即LED灯会亮。如果按钮开关没有被按下，就会执行 设置数字引脚 P9 输出 低电平 语句，向连接在P9引脚上的LED灯输出"低电平"，即LED灯不亮。

3. 测试程序

将程序上传到掌控板，如图12-11所示，用手按下按钮开关，就可看到蓝色的LED灯亮了。

可以将掌控板及扩展板脱离计算机，用5V锂电池给扩展板供电，试试看能否运行程序。

图12-11　按钮控制LED灯

12.3 深度探究——按钮灵活控制PCB LED灯

上例中，按下按钮开关时，LED灯亮，手离开时，LED灯就熄灭了。如果要LED灯长时间亮，就得始终按住按钮开关，这就不是很实用，与现实生活中的开关使用方法不一致。下面我们就来解决这个问题。

本例要实现的效果是：将掌控板、PCB LED灯、按钮开关分别与扩展板连接。编写程序上传到掌控板后，当按下按钮开关后，LED灯亮，手离开后，LED灯还继续亮；当再次按下按钮开关时，LED灯熄灭。

1. 编写程序

在Mind+"上传模式"下，新建一个文件，将掌控板与计算机连接好，用"扩展"按钮分别调出掌控板和扩展板控制语句。电路连接还是与上例一样。我们先给出程序，然后分析其编写思路，图12-12为按钮灵活控制LED灯的参考程序。

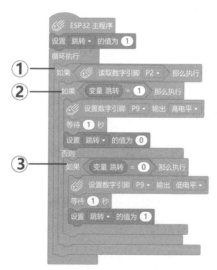

图12-12　按钮灵活控制PCB LED灯的参考程序

图中的程序应用变量与三层嵌套条件语句配合，从而实现了功能要求。

新建 变量 跳转 的作用是为了给条件判断提供一个新的参数，即LED灯的亮与不亮不以是否按下按钮开关为条件，而是转化为以 变量 跳转 的值作为条件。变量 跳转 的值可由按下按钮开关来更改成0、1两个值，这样就能灵活地控制LED灯的亮与不亮了。

程序第一句 设置 跳转▾ 的值为 1 为给变量 变量 跳转 赋值为1。

嵌套1为最外层（不含循环执行框架），由单路径的条件语句构成。当第一次按下按钮时，P2引脚会发出"高电平"信号，条件为真，则会运行"那么执行"右边嵌套2中的条件语句。

嵌套2的条件语句有"那么执行"和"否则"两条路径，当用手第一次按下按钮后，会执行本语句。由于 变量 跳转 在程序第一句就赋值为1了，当然条件为真了，于是"那么执行"中的语句会运行，P9输出"高电平"，LED灯就会亮。1秒之后给 变量 跳转 赋值为0，这时手已离开按钮，嵌套1中的条件为假，不会执行其中的语句，此时LED灯会继续亮。

当再次（第二次）按下按钮时，这时 变量 跳转 的值为0，则不会运行嵌套2"那么执行"中的语句，会执行"否则"中的嵌套3条件语句。这时 变量 跳转 的值为0，条件满足，则"那么执行"中的语句会运行，P9输出"低电平"，LED灯就会熄灭。同样，1秒后又给 变量 跳转 赋值为1，此时LED灯不会亮。

2.　测试程序

将程序上传到掌控板，就能模拟按钮开关灵活控制LED灯的情景，程序中的等待时间可根据调试时手按按钮开关的快慢情况进行修正。

12.4　课后练习

在日常生活中，我们经常见到延时灯，如教室走廊和楼道里的灯，当按下开关后，LED灯亮，过一会儿，LED灯就自动熄灭了。我们可以在上面的硬件不动的基础上，适当改动程序来模拟延时灯的效果，试试看。

第13课 实虚交互的调光灯

学习目标

* 认识电位器。
* 理解模拟输入和模拟输出。
* 能用电位器同步调节外接PCB LED灯和Mind+舞台上房间的亮度。

器材准备

掌控板、USB数据线（Type-C接口）、带USB输出口的5V锂电池、扩展板、电位器、PCB LED灯、3PIN线。

13.1 预备知识——模拟输入/输电位器

1. 模拟输入和模拟输出

在前面的课程中，我们学习了掌控板上的光线传感器和声音传感器，知道它们感知获得的光线强弱和声音大小都是模拟量。掌控板具有模数转换功能，能将各种传感器感知来的模拟值转换成4096个状态，即0～4095。扩展板上提供了三个能接收传感器感知的模拟值的引脚P0、P1、P2，如图13-1所示，它们是模拟输入接口，可接入模拟传感器，其中P0要在关闭扩展板上蜂鸣器的开关时才能正常使用。

掌控板也能模拟输出信号，即输出能强弱变化的量，从而实时改变对应输出设备（如LED灯、电动机等）的反应。在数字电路中，电压信号不是 0（0V）就是 1（3.3V），那么如何输出0～3.3V的某个电压值呢？这就要用到PWM技术。

PWM即脉冲宽度调制，用于将一段信号编码为脉冲信号（方波信号），是在数字电路中达到模拟输出效果的一种手段，即使用数字控制产生占空比不同的方波（一个不停在开与关之间切换的信号）控制模拟输出。我们要在数字电路中输出模拟信号，就可以使用PWM技术实现。简而言之就是计算机只会输出0和1，那么想输出0.5怎么办呢？于是输出0，1，0，1，0，1……平均之后的效果就是0.5了。

我们常用PWM技术来改变LED灯的亮暗程度、电动机的转速等。掌控板输出的模拟值分成1024个状态，即0～1023。扩展板上的引脚除了P12，其他引脚都能进行模拟输出。

2. 认识电位器

电位器又称角度传感器，是一种模拟输入设备，如图13-2所示。

电位器实际上是一个可变电阻箱，图13-3是电位器的原理图。通过控制滑块所在的位置，可以得到不同的电压值，而输入信号正是从滑块所在的位置接入到电路中。三个引脚由左至右为OUT、+、−，分别与扩展板上的模拟输入引脚、+引脚、−引脚相连。

  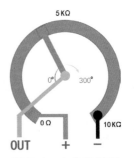

图13-1　扩展板上的模拟输入接口　　　图13-2　电位器　　　图13-3　电位器原理

当处在不同角度值时，引脚+、OUT之间的电阻阻值不同，按照分压原理，触角返回的电压值也在0～3.3V变化，掌控板的模数转换根据返回的电压数值与输入电压3.3V之间的比例关系，换算成4095～0的具体数值，返回给掌控板。

13.2 引导实践——制作能无级调节亮度的LED灯

本例要实现的效果是：将掌控板、PCB LED灯、电位器分别与扩展板连接，编写程序上传到掌控板后，转动电位器的旋钮，LED灯的亮度能同步变化。

1. 电路连接

将掌控板插入扩展板，有显示屏的一面面向扩展板上有文字"掌控板"的这一边。将PCB LED灯用3PIN线接在P9这一行的引脚上，将电位器接在P2这一行的引脚上，图13-4为连接好的电路。

图13-4　PCB LED灯与电位器接在扩展板上

2. 编写程序

在Mind+"上传模式"下，新建一个文件，将掌控板与计算机连接好，通过"扩展"按钮先后调出掌控板控制语句和扩展板控制语句。

本例的原理是：先获取模拟输入引脚P2的值（范围为4095～0），掌控板处理这个数值，在0～1023的范围内再生成一个值，用这个值设置模拟输出引脚10的脉冲宽度（PWM值，即电压值），从而改变LED灯的亮度。具体的编写过程如下。

（1）设置模拟输出模块。

从"掌控"模块中，选择PWM输出语句 `设置模拟引脚 P0 ▾ 输出(PWM) 512`，拖到编程循环执行框中，将引脚号改为P9。

（2）搭建数值映射结构。

从"运算符"模块中选择数值映射结构语句 `映射 0 从[ 0 , 1023 ] 到[ 0 , 255 ]`，拖到PWM语句块输出框中，如图13-5所示。

`设置模拟引脚 P9 ▾ 输出(PWM) 映射 0 从[ 0 , 1023 ] 到[ 0 , 255 ]`

图13-5　将数值映射结构语句拖到PWM输出框中

再从掌控板模块中选择 `读取模拟引脚 P0 ▾`，将引脚改为P2，拖到映射模块映射来源框中，如图13-6所示。

图13-6　将模拟输入引脚语句拖到数值映射结构中

（3）设置数值映射数据。

模拟输入引脚P2的值在4095～0，模拟输出引脚P9的值在0～1023。数据设置如图13-7所示。

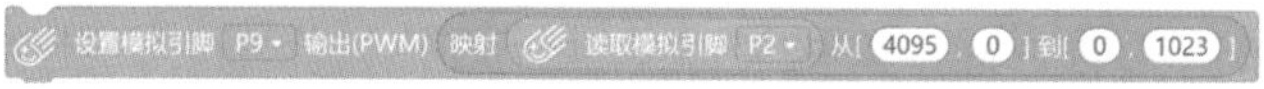

图13-7　设置完成的数值映射数据

编写完成的程序如图13-8所示。

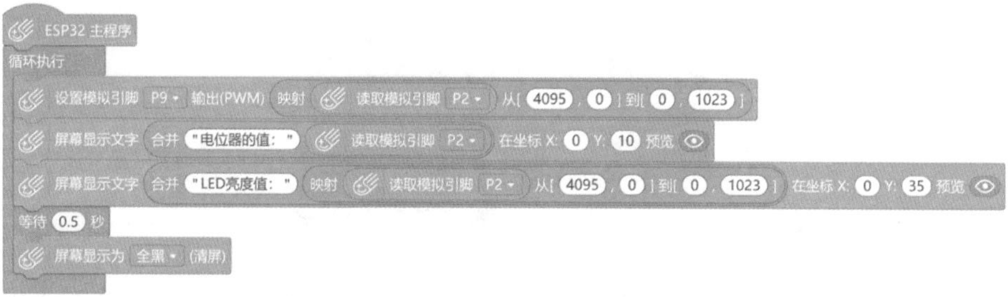

图13-8　无级调节PCB LED灯亮度程序

循环执行框中的第2、3条语句的作用分别是在掌控板显示屏上实时显示电位器的值和LED灯的亮度值，可以帮助我们修正程序，程序测试好后可删除。

3. 测试程序

将编写完成的程序上传到掌控板后，我们就可用电位器无级调节LED灯的亮度了。

先将电位器旋钮逆时针旋转到不能动为止（旋转的起点），如图13-9所示，从显示屏上可看出，这时电位器的值为最大值4095，LED灯的亮度值为最小值0，LED灯没有亮。

继续将电位器旋钮顺时针旋转一定的角度，如图13-10所示，LED灯由不亮开始逐渐变亮，停止旋转后，在显示屏上显示电位器的值为2203，LED灯的亮度值为473。

图13-9　旋钮位于起点时PCB LED灯不亮　　图13-10　旋钮位于中间点时PCB LED灯亮

继续将电位器旋钮顺时针旋转到不能旋转（旋转的终点），如图13-11所示，LED灯又逐渐变亮，旋转到终点后，在显示屏上显示电位器的值为0，LED灯的亮度值为1023，这时LED灯最亮。

图13-11　旋钮位于终点时PCB LED灯最亮

13.3　深度探究——设计制作能用电位器调整Mind+舞台上房间亮度的软硬件交互系统

本例要达到的效果是：在Mind+"实时模式"下，转动电位器的旋钮，不仅LED的亮度能同步变化，Mind+舞台上的房间和Mind+精灵的亮度也要同步变化。当房间变得特别暗时，Mind+精灵说："好黑呀，请将灯光调亮一点吧！"当房间变亮后，Mind+精灵说："房间变亮了！"

1. 背景和角色外观设置

在Mind+"实时模式"下，新建一个文件，将掌控板与计算机连接好，通过"扩展"按钮调出掌控板控制语句和扩展板控制语句。与"上传模式"不同，编程区是空白的，没有自动出现循环执行语句框架结构程序。

默认的舞台背景为白色，角色为Mind+精灵。我们要换掉背景。如图13-12所示，单击舞台背景区中"背景库"按钮，打开"背景选择"窗口。

选择背景库中的"睡房1"背景后，整个界面会自动变成"背景"编辑窗口。我们不进行更改，单击左上方的"模块"按钮，返回软件主界面，将Mind+精灵移动到如图13-13所示的位置，背景和角色就设置好了。

图13-12 "背景库"按钮　　　　图13-13 设置好的背景和角色外观

2. 电路连接

同上例一样，将PCB LED灯用3PIN线接在P9这一行的引脚上，将电位器接在P2这一行的引脚上。

3. 编写程序

本例的原理是：先获取连接电位器的模拟输入引脚P2的值（在4095～0），掌控板处理这个数值，在0～1023的范围内再生成一个值，再用这个值设置接在P9引脚上LED灯的亮度和舞台上背景房间、Mind+精灵的亮度。

本例需分别在背景、Mind+精灵上写程序，具体的编写过程如下。

（1）编写背景上的程序。

编写程序时要先单击舞台下方的"背景"图标，如图13-14所示，这时在编程区左上角就会出现透明的背景微缩图，表示编写的程序已能控制背景。

在背景上要编写控制硬件PCB LED灯和背景房间亮度的语句。由于其亮度是随调节电位器值的变化而变化的，是实时的，所以控制其亮度的语句一定要在循环执行语句结构框中。

①搭建循环执行语句结构。先从事件模块中将 当 被点击 拖放到编程区，再从控制模块中拖出 循环 语句框，拼接在下方，组成如图13-15所示的循环执行语句结构框。

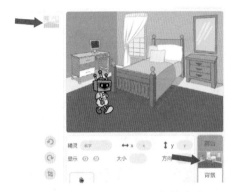

图13-14 给背景编写程序的步骤　　　　　图13-15 循环执行语句结构框

②编写控制LED灯亮度的语句。和上例中控制LED的语句一样，控制LED灯亮度的语句为 设置模拟引脚 P9 输出(PWM) 映射 读取模拟引脚 PZ 从[4095] [0] 到[0] [1023] 。

③编写控制背景房间亮度的语句。从"外观"模块中将 将 颜色▼ 特效设定为 0 拖到编程区循环执行语句结构框中，把选项"颜色"改为"亮度"。从"运算符"模块中选择数值映射结构语句 映射 0 从[0] [1023] 到[0] [255] ，拖到特效设定值框中，选择 读取模拟引脚 P0▼ ，拖到映射模块映射来源框中，更改好映射数值后为 特效设定为 映射 读取模拟引脚 PZ 从[4095] [0] 到[-80] [0] 。

编写完成的背景上的程序如图13-16所示。

图13-16 背景上的程序

（2）编写Mind+精灵上的程序。

单击角色区的Mind+精灵图标，才能在编程区编写程序。设计的Mind+精灵的反应是：当PCB LED灯不亮（电位器的模拟值为4095）时，Mind+精灵说："好黑呀，请将灯光调亮一点吧！"当PCB LED灯最亮（电位器的模拟值为0）时，Mind+精灵说："房间变亮了！"同时Mind+精灵的亮度也随同房间亮度变化，只是变化范围小。

根据设计要求，这个程序也要使用循环执行结构，里面用两条条件语句控制Mind+精灵说什么话。条件语句外还要有一条控制Mind+精灵亮度的语句，与背景的程序中控制房间亮度的语句类似。

编写完成的Mind+精灵上的程序如图13-17所示。

图13-17　Mind+精灵上的程序

4. 调试运行

程序编写完成后，单击舞台上方的"运行"图标，然后手动旋转电位器的旋钮，就可看到不仅PCB LED灯的亮度同步变化，舞台上房间和Mind+精灵的亮度也同步变化，这就是软件与硬件实时交互的魅力。

13.4　课后练习

上面的例子是在"实时模式"下，用电位器调整Mind+舞台上房间和角色的亮度，那能不能反过来，在舞台上画两个按钮角色（变亮和变暗各一个）来调节PCB LED灯的亮度呢？请你试试看。

第14课 调挡风扇

14.1 预备知识——用130型电动机制作风扇

1. 认识130型电动机

如图14-1所示，130型电动机可用直流供电，在3～5V下能正常转动。130型电动机由定子和转子两部分构成，有两个接线端，分别接正极（红线）和负极（黑线），可反接，不过转动方向会发生改变。在Mind+中，130型电动机调速就是调节两端的电压，是通过PWM实现的。130型电动机可用来做风扇，还能用来做智能小车。

2. 制作风扇模型

本课中要用到风扇，我们可以用130型电动机制作一个风扇模型。先把约25cm长的16#铁丝（直径1.6mm）折叠成如图14-2所示的风扇架。

再用三根橡皮筋将130型电动机绑在铁丝风扇架上，装上软扇页片，如图14-3所示，就做成了一个简易风扇模型。

图14-1 130型电动机

图14-2 铁丝风扇架

图14-3 风扇模型

14.2 引导实践——应用两个按钮开关控制风扇的转动

本例要实现的效果是：将掌控板、风扇、两个按钮开关与扩展板相连接，编写程序上传到掌控板后，通过一个按钮开关可以使风扇转动，通过另一个按钮开关则可以停止风扇转动。

1. 电路连接

将掌控板插入扩展板，有显示屏的一面面向扩展板上有文字"掌控板"的这一边。接风扇要应用到扩展板上的电动机驱动模块，板上有两组电动机驱动接线端M1、M2，分别有"+""-"接线端，将风扇红线端接M1"+"接线端，风扇黑线端接M1"-"接线端。将红色按钮开关接在P2这一行的引脚上，绿色按钮开关接在P1这一行的引脚上，图14-4为连接好的电路。

2. 编写程序

在Mind+"上传模式"下，新建一个文件，将掌控板与计算机连接好，通过"扩展"按钮先后调出掌控板控制语句和扩展板控制语句。如图14-5所示，扩展板控制语句中只有控制电动机的两条语句。

掌控板+扩展板驱动电动机转动采用的是PWM技术，通过模拟输出变化的电压来改变电动机的转速。 ▤ 电机 M1▾ 以 200 速度 正转 语句中可选择驱动号和转动方向，可设置转速， ▤ 电机 M1▾ 停止 语句用于停止电动机的转动。

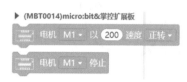

图14-4　用按钮开关控制风扇的电路连接　　　图14-5　"扩展板"模块中控制电动机的语句

应用两个按钮开关控制风扇转动的程序较简单，如图14-5所示。

从图14-6中可看出，程序采用了两条单分支条件语句的嵌套，由于按钮开关输出的是数字信号，所以条件语句中用的是 ，电动机的转动速度范围为0～255，这是PWM技术的模拟输出范围，对于电动机，建议设置在50～150，否则有可能电压过低不能转动，或是电压过高转速太大。

程序没有将这两条条件语句结构采用并列方式，因为若采用并列方式，要使风扇转动，就要一直按着按钮开关，离开后风扇会停止，操作起来不方便，不实用，只有这两条条件语句结构采用嵌套方式才能达到应用两个按钮开关控制风扇的目的。

3.　测试程序

将编写完成的程序上传到掌控板后，直接按绿色按钮开关，电扇不会转动，因为掌控板提供的电压不高，不能驱动电动机。要使电扇转动，需要给扩展板外接5V电源供电，可以将计算机与掌控板分离，如图14-7所示，将扩展板上的电源开关置于"ON"，则板载红色LED指示灯亮。

图14-6　控制风扇转动的程序　　　　　　图14-7　扩展板外接电源

这时，我们按下绿色按钮开关后再释放，风扇转动；再按下红色按钮开关，风扇停止，达到了设计要求。

14.3 深度探究——应用3个按钮开关做调挡风扇

调挡风扇要达到的效果是：在任何情况下，按第一个按钮开关时，风扇转速小；按第二个按钮开关时，风扇转速大；按第三个按钮开关时，风扇停止转动；掌控板显示屏上同步显示挡位。

1. 连接电路

与前面例子一样，本例还是利用M1电动机端连接风扇，将风扇红线端接M1"+"接线端，黑线端接M1"-"接线端。将红色按钮开关接在P2这一行的引脚上，绿色按钮开关接在P1这一行的引脚上，黄色按钮开关接在P0这一行的引脚上，注意将P0旁边的蜂鸣器开关拨到关闭位置，否则P0不能使用。图14-8为连接好的调挡风扇电路。

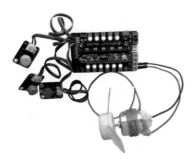

图14-8 调挡风扇电路连接

2. 编写程序

在Mind+"上传模式"下，将上例保存完成后，再新建一个文件，将掌控板与计算机连接好，通过"扩展"按钮先后调出掌控板控制语句和扩展板控制语句。

本例我们应用6个并列的条件判断语句实现三个按钮开关调速的效果。参考程序如图14-9所示。

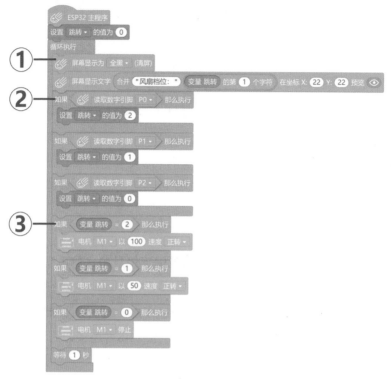

图14-9　三个按钮做调挡风扇的参考程序

　　从图14-8中的程序可以看出，本例新建了一个"跳转"变量，目的是给风扇在各个挡位的跳转设置条件。在循环执行框架结构中主要由三部分内容组成。

　　程序第一部分的作用是在掌控板显示屏上显示风扇的实时挡位，本例设置了0、1、2三个挡位，由于掌控板在Mind+中默认保留小数点后两位，所以程序中应用了"运算符"模块中的 "world" 的第 1 个字符 语句，只保留获取值的第一位，即个位数0、1、2。

　　程序第二部分由三个条件语句框组成，即分别按下黄色（接P0）、绿色（接P1）、红色（接P2）按钮开关时，给"跳转"变量分别赋值2、1、0。

　　程序第三部分由三个条件语句框组成，即当"跳转"变量的值分别为2、1、0时，风扇转速分别为100（快速）、50（低速）、0（停止）。

程序中的6个条件判断语句由于是并列关系，所以可改变顺序，但不影响效果。还要注意，电动机驱动模拟输出值范围为0～255，但驱动电动机的转速一定不要设置得过小，小于50可能电动机转不动。

最后一句的等待时间设为1秒，主要是为了使显示屏跳动得慢一点，并解决按钮开关的时滞问题，可根据自己测试的情况设置合适的值。

3. 测试程序

将上面的程序上传到掌控板后，如图14-10所示，给扩展板外接电源进行测试，分别用三个按钮进行风扇调速，可根据实际情况修改转速设置。

图14-10 测试调挡风扇

14.4 课后练习

本课中是用按钮开关做的调速风扇，按钮开关输出的是数字信号，风扇的转速也是设置的固定值。前面我们学过电位器，电位器能输出模拟值，那能不能用电位器做一个无级调节转速的电扇呢？

第**15**课　温控风扇

学习目标

✳ 认识DHT11数字温湿度传感器。

✳ 会使用DHT11数字温湿度传感器控制风扇。

器材准备

　　掌控板、USB数据线（Type-C接口）、带USB输出口的5V锂电池、扩展板、DHT11数字温湿度传感器、风扇模型。

15.1　预备知识——认识DHT11数字温湿度传感器

　　图15-1所示的DHT11数字温湿度传感器是一款含有已校准数字信号输出的温湿度复合传感器。传感器包括一个电阻式感湿元器件和一个NTC测温元器件，NTC测温元器件实际上也是一种热敏电阻、探头，电阻值随着温度上升而迅速下降。传感器上用高性能8位单片机与电阻式感湿元器件、NTC测温元器件连接，应用专用的数字模块技术将获取的温、湿度模拟值转化为数字信号。

图15-1　DHT11数字温湿度传感器

　　DHT11数字温湿度传感器用于测量环境的温度和湿度，其中温度测量范围为0℃～50℃，湿度测量范围为20%～90%RH，传感器的供电电压为5V，用3PIN可与扩展板连接。

15.2 引导实践——设计温控风扇

本例要实现的效果是：将掌控板、风扇、DHT11数字温湿度传感器与扩展板连接，编写程序上传到掌控板后，用外接电源给扩展板供电，当室温高于30℃时，风扇转动，否则停止。

1. 连接电路

将掌控板插入扩展板，有显示屏的一面面向扩展板上有文字"掌控板"的这一边。本例利用M1电动机驱动端接风扇，将风扇红线端接M1"+"接线端，黑线端接M1"-"接线端。将DHT11数字温湿度传感器接在P1这一行的引脚上。图15-2为连接好的温控风扇电路。

图15-2 温控风扇电路连接

2. 编写程序

在Mind+"上传模式"下新建一个文件，将掌控板与计算机连接好，通过"扩展"按钮先后调出掌控板控制语句和扩展板控制语句，最后通过"扩展"按钮选择传感器为"DHT11/22数字温湿度传感器"，调出"DHT11/22数字温湿度传感器"语句模块。控制DHT11数字温湿度传感器的语句只有 `读取引脚 P0 DHT11 温度(℃)` 这一句，从语句中可选择接入的引脚号、传感器型号、温度和湿度。

（1）编写在掌控板显示屏上显示实时室温的程序。

我们先编写一个程序，用DHT11数字温湿度传感器获取实时的温度，并用掌控板显示屏直观地显示出来，方便编程时参考。图15-3为在掌控板显示屏上显示实时室温的程序。

图15-3　在掌控板显示屏上显示室温的程序

程序中新建了一个 变量 室温 来记录DHT11数字温湿度传感器感知的实时温度值。在显示屏上显示文字的语句 表示"室内温度：+温度值+℃"，其搭建过程如图15-4所示。

这条语句中，合并显示进行了一次嵌套，由于Mind+在掌控板显示屏上显示数据时要保留两位小数，这样包括小数点就有5个字符，为了只保留两位整数，我们应用了2号语句块，因为2号语句中只能填入字符串类数值，所以要应用1号语句将获取的温度值转化为字符串。按图15-4中箭头所示将语句分别拖到对应的空中，即可将这条语句搭建出来。

程序最后面的 等待 1 秒 是设定间隔1秒检测一次环境温度。

将程序上传到掌控板，给扩展板外接电源，如图15-5所示，可在显示屏上看到实时的环境温度值。

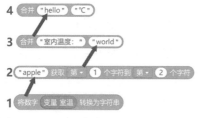

图15-4　显示温度字符语句的搭建过程

图15-5　显示屏上显示环境温度值

（2）编写温控风扇的程序。

本例的设计目标为：当温度高于30℃时，风扇转动，否则停止。程序编写较简单，只需要在上面显示实时室温程序的基础上增加一个双分支结构条件判断语句，即当室温高于30℃时，电动机转动，否则电动机不转动。完整的温控风扇程序如图15-6所示，其中的电动机选择为M1，是因为前面的电路连接中风扇连接M1上，转速设为中速80。

图15-6　温控风扇程序

3.　测试程序

将上面的温控风扇程序上传到掌控板，通过给扩展板外接电源运行程序。如图15-7所示，将连接好的元器件摆放好，开始时室温为22℃，风扇不转动；用手捂住DHT11数字温湿度传感器，使温度达到31℃，高于30℃，所以风扇转动。手离开，过一会，DHT11数字温湿度传感器感知的温度低于30℃，风扇会停止转动。

图15-7　环境温度在31℃时风扇转动

15.3　深度探究——设计随环境温度高低自动调整转速的风扇

下面再设计一个温控风扇，当环境温度达到一定值时，风扇会转动，并能根据环境温度的变化自动调整转动的速度。温度高，转动快；温度低，转动慢；当温度低于一定值时，风扇停止转动。

要达到这个目的，只需在前面程序的基础上进行简单的修改。修改后的程序如图15-8所示。

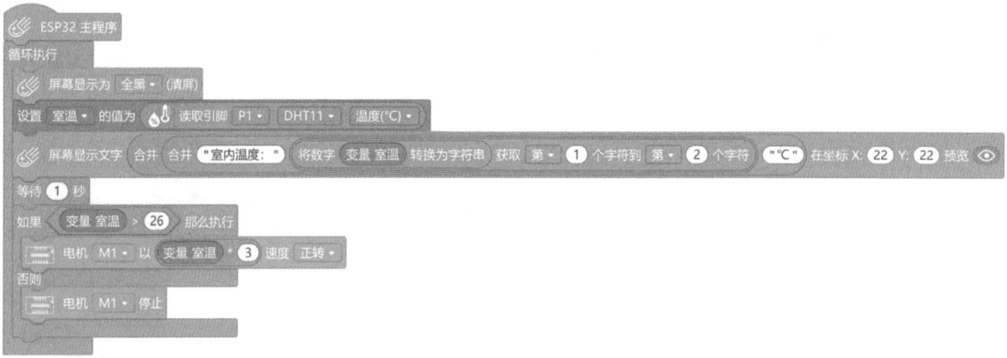

图15-8　修改后的温控风扇程序

我们只是将 电机 M1 以 80 速度 正转 中转速的固定值80改为 变量 室温 × 3 ，即实时温度的3倍，这个转速值会随着温度的变化而变化，当温度变高时，转速大，风扇就转得快；反之，转速小，风扇就转得慢。

15.4　课后练习

掌控板上自带麦克风（声音传感器），请你尝试用声音传感器控制风扇的转动，要求达到的效果为：声音大，转速大；声音小，转速小。

第 *16* 课　摇头风扇

16.1　预备知识——认识舵机

　　舵机是一种电动机，它使用一个反馈系统控制电动机的位置，图16-1为DMS-MG909g金属舵机，在扩展板上可使用这种舵机。如图16-2所示，舵机可以根据指令将连接的舵角旋转0°～180°的任意角度，然后精准地停下来。转动的角度是通过调节PWM信号实现的，需要使用扩展板上的、具有模拟输出功能的引脚。DMS-MG90金属9g舵机有三个引脚接口，中间的红色线接扩展板上"+"引脚，棕色线接扩展板上的"-"引脚，这两根线是给舵机供电的，还有一根黄色线接扩展板上模拟输出功能的引脚，向舵机发送PWM信号。

图16-1　DMS-MG90金属9g舵机

图16-2　舵角在0°～180°转动

16.2　引导实践——按钮控制舵机舵角在0°～180°循环转动

本例要实现的效果是：将掌控板、按钮开关、DMS-MG90金属9g舵机与扩展板连接，编写程序上传到掌控板后，可用按钮开关控制舵机舵角在0°～180°循环转动。当按下按钮开关后再释放，舵机舵角在0°～180°不停地循环转动，再按下按钮开关时，舵机舵角停止在0°位置。

1.　连接电路

将掌控板插入扩展板，有显示屏的一面面向扩展板上有文字"掌控板"的这一边。本例中要将舵机和按钮开关与扩展板连接。先将单向小舵角与舵机的轴连接好，再将DMS-MG90金属9g舵机排线接在P1这一行的引脚上，注意黄色线接P1引脚。绿色按钮开关用3PIN线接在P2这一行的引脚上。图16-3为连接好的按钮控制舵机电路。

图16-3　按钮控制舵机电路连接

2.　编写程序

在Mind+"上传模式"下新建一个文件，将掌控板与计算机连接好，通过"扩展"按钮先后调出掌控板控制语句和扩展板控制语句，最后通过"扩展"按钮选择执行器中的"舵机模块"，如图16-4所示，调出"舵机"语句模块。控制舵机的语句只有 `设置 P0 ▾ 引脚伺服舵机为 90 度` 这一句，从语句中可选择接入的引脚号、转到的角度固定值。

（1）固定舵角0°位置。

连接电路时，我们是将舵角随意连接在舵机转动轴上的，不知道角度值是多少。使用舵机时，首先要确定0°的位置，本例中，我们将舵角的0°位置设定在图16-2中的左边黑色舵角的位置，就是与舵机上表面垂直的位置。编写的设置舵机转到0°位置的程序如图16-5所示。

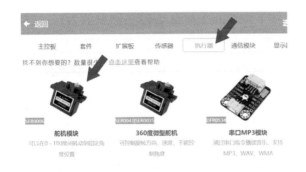

图16-4　选择舵机模块　　　　图16-5　设置舵机转到0°位置的程序

将程序上传到掌控板后，舵机转动后在0°位置停下来。这时舵角可能不在目标位置，需要将舵角拆下来，按图16-2中的位置将舵角固定在舵机轴上。

可以再将程序中舵机的角度设为180°，运行后看舵角是否转到相应的位置。

（2）编写按钮控制舵角在0°～180°循环转动的程序。

Mind+中的按钮开关不同于生活中的普通电路开关。普通的开关按下时，电路连通后不会主动断开，只有再按一次才会断开。而Mind+中的按钮开关只有按下时才是通路，未按下时即离开后，电路就断开了。如果同上面例子中的程序一样来控制元器件的变化，要始终按住按钮，这样没有应用价值。

下面再编写一个程序，在硬件及其电路连接不变的情况下，用按钮开关控制舵机舵角在0°～180°循环转动。达到的目标为：当按下按钮开关后，舵角能在0°～180°来回循环转动；当再次按下按钮开关时，舵角停在0°位置。

编写好的参考程序如图16-6所示。

程序中新建了 变量 跳转 ，通过控制按钮开关来改变 变量 跳转 的值，将 变量 跳转 的值作为舵机运动变化的条件，从而控制舵机的转动。

从图16-6中可以看出，循环执行框中的程序分三部分。

①中的语句块是在掌控板显示屏上显示 变量 跳转 的值，方便调试程序，调试好后可删除。

②中的条件语句程序块是给 变量 跳转 赋值，此处使用了4层嵌套形式，对三次按下

按钮开关的作用进行了设置，第三次按下按钮开关时又给 变量 跳转 赋值为1，这样就返回了程序的第一句，起到了初始化的作用。

③中的第一个条件语句程序块是使舵机在0°～180°转动，当 变量 跳转 的值为2时，舵角就会在0°～180°循环转动。第二个条件语句程序块是使舵机停止转动，当 变量 跳转 的值为0时，舵角转动回到0°的初始位置。

程序运行时，当第一次按下按钮开关时，P2有信号，外层条件语句条件成立，则会执行第二层条件语句，由于 变量 跳转 初始值为1，条件满足，则会给 变量 跳转 赋值为2，这时②中的条件语句满足，于是舵角会在0°～180°来回循环转动。

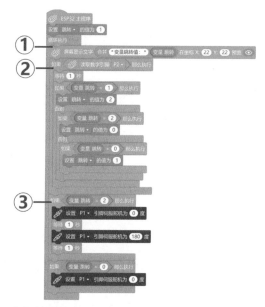

图16-6　按钮控制舵角在0°～180°范围内循环转动的参考程序

当再次按下按钮时，P2有信号，外层条件语句条件成立，则会执行三层条件语句，由于这时 变量 跳转 值为2，条件不满足，则会执行"否则"中的语句，执行内层条件语句，变量 跳转 值为2，条件满足，给 变量 跳转 赋值为0，这时③中的条件语句满足，舵角转动回到0°的初始位置。

当第三次按下按钮开关时，则会给 变量 跳转 赋值为1，返回程序的第一句。

3. 测试程序

将程序上传后就可方便地用按钮开关控制舵机的转动与停止了，程序中可修改的地方有③中的转动时间，即转动速度的设置。

16.3 深度探究——制作摇头风扇

生活中，大多数风扇都有摇头功能，一般是一个按键控制摇头，其他几个按键控制转速。本例要达到的要求是：一个按钮开关控制风扇在0°～180°循环转动和停止，另一个按钮开关控制风扇的转动。

1. 电路连接

首先要做一个结构连接，如图16-7所示，将十字形舵角用橡皮筋紧紧地绑在130电动机无接线片的平面上，然后将舵角插在舵机轴上。

可以给上面装有风扇的舵机安装一个固定盘，或用胶带粘在桌面上，要固定好。在上例的基础上，在扩展板P0引脚上连接一个红色按钮开关，将130电动机接在电动机驱动M1端口上，图16-8是连接好的摇头风扇电路。

图16-7 风扇与舵机的结构连接

图16-8 摇头风扇的电路连接

2. 编写程序

要达到风扇摇头的目的，可以在前面舵机转动程序的基础上编写。将舵机转动程序保存好后，再执行"项目"→"另存项目"命令，将文件保存为"摇头风扇"。本例中，一个按钮开关控制舵机，一个按钮开关控制风扇。这时编程区已有了按钮开关控制舵机的程序，只需编写出按钮开关控制风扇的程序，再将两个程序组合就行了。由于这两部分的程序类似且程序语句比较多，所以我们拟用自定义函数来简化程序主体结构。

（1）编写"转动舵机"函数中的程序。

先定义一个"转动舵机"函数，然后将循环执行框中控制舵机的程序拖到下方连接好，如图16-9所示。

将函数"转动舵机"中的程序块拖到编程区最下方的书包中后，将其折叠起来，编程区呈现 定义 转动舵机 ▼ 状态。

（2）编写"转动风扇"函数中的程序。

先新建 变量 风扇 ，用于条件判断中的数据变化。再定义一个"转动风扇"函数，用于对风扇转动的控制。将书包中的程序块拖到"转动风扇"函数下方连接好，再修改其中的程序语句块。先将所有 变量 跳转 换成 变量 风扇 ；再将舵机转动的控制语句删除，换成 电机 M1 ▼ 以 80 速度 正转 ；最后将舵机停止语句删除，换成 电机 M1 ▼ 停止 。编写好的"转动风扇"函数中的程序块如图16-10所示。

图16-9 函数"转动舵机"中的程序块

图16-10 函数"转动风扇"中的程序块

检查好后，将函数"转动风扇"折叠起来。

（3）编写整体组合程序。

编写程序时，先给两个变量赋值，再将上面编写的两个函数组合放到循环执行框中，图16-11为编写好的摇头风扇的参考程序。

图16-11　摇头风扇的参考程序

3. 测试程序

将程序上传到掌控板后，一定要给扩展板外接电源进行测试，否则，可能会由于电压低，风扇不会转动，舵机也要固定好。可修改参数的地方有电动机的转速和按按钮开关的等待时间。

16.4　课后练习

日常生活的落地调挡风扇常用一个按键来控制风扇是否摇头，三个按键用来换挡。你能用前面所学的知识做出来吗？试试看。

第17课 遥控风扇

学习目标

✳ 认识红外遥控器套件。

✳ 能制作出用红外遥控器遥控调挡的风扇。

器材准备

　掌控板、USB数据线（Type-C接口）、带USB输出口的5V锂电池、扩展板、风扇模型、IR kit红外遥控器套件（红外遥控器和红外接收传感器）。

17.1 预备知识——红外遥控器套件的组成及原理

IR kit红外遥控器套件由红外遥控器和红外接收传感器组成，如图17-1所示。

红外遥控器核心元器件就是编码芯片，将需要实现的操作指令事先编码，当按下遥控器上任一按键时，遥控器会产生一串脉冲编码。遥控编码脉冲对40kHz载波进行脉冲幅度调制（PAM）后便形成遥控电信号，电信号驱动红外发光二极管，将电信号变成光信号发射出去，就是红外光。

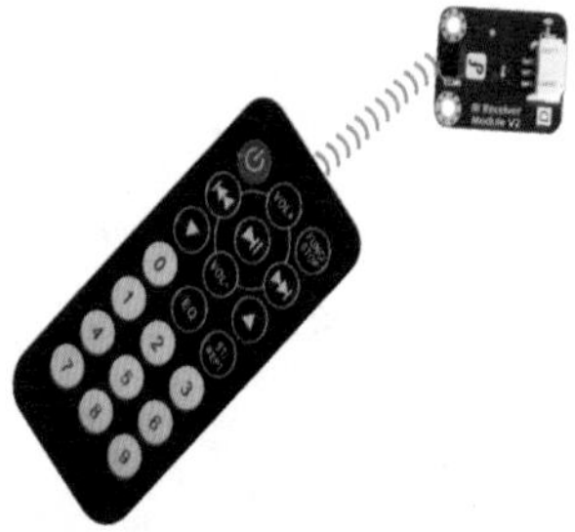

在接收端，接收传感器需要通过光电二极管将红外线光信号转成电信号，经放大、整形、解调等步骤，最后还原成原来的脉冲编码信号，完成遥控指令的传递，经由接收传感器的信号输出引脚输入电路板上的编码识别电路。

图17-1　IR kit红外遥控器和接收传感器

遥控器红外线发射管沿光轴的遥控距离可达8m，通常的发射角度为30°～45°，角度大距离就短，反之亦然。

17.2 引导实践——获取红外遥控器发射的编码

不同的红外遥控器，同样的按键可能设计的编码不同，即使是同一遥控器，在不同软件平台下也可能不同。所以，使用红外遥控器编程时，一定要知道按键的编码。

本例要实现的效果是：将掌控板、红外接收传感器与扩展板连接，编写程序上传到掌控板后，按遥控器上的按键，能在掌控板显示屏上显示红外遥控器发射的编码。

1. 连接电路

将掌控板插入扩展板，有显示屏的一面面向扩展板上有文字"掌控板"的一边。本例电路连线很简单，只需将红外接收传感器用3PIN线接在P1这一行的引脚上，注意3PIN线一定与相同颜色的引脚对应连接，连接好的电路如图17-2所示。

2. 编写程序

将连接好电路的掌控板与计算机相连，在Mind+的"上传模式"下新建一个文件，将Mind+与掌控板连接，通过"扩展"按钮先后调出掌控板控制语句和扩展板控制语句，最后通过"扩展"按钮选择通信模块中的"红外接收模块"，如图17-3中所示，调出"通信模块"。控制红外接收传感器的语句只有 `读取引脚 P0 红外接收值` 这一句，从语句中可选择接入的引脚号。

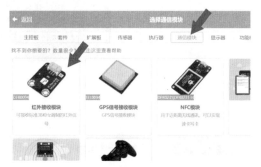

图17-2 红外遥控器组件电路连接　　图17-3 选择红外接收传感器模块

本例的设计目标是：当分别按遥控器上的红色按键、1、2、3号键时，通过掌控板显示屏能分别显示每个按键产生的编码。

首先新建一个字符串类型变量，如图17-4所示，在"变量"模块语句块中，单击"新建字符串类型变量"按钮，新建字符串类型变量 变量 红外字符 ，用来将获取的编码转化成字符串并记录。

编写好的在掌控板显示屏上显示红外遥控器发射的程序如图17-5所示。

图17-4　新建字符串类型变量　　　图17-5　获取遥控器按键编码的程序

3. 测试程序

将程序上传到掌控板后，按遥控器上的红色按键，如图17-6所示显示编码"FD00FF"。接着再按1、2、3号键，分别显示"FD08F7""FD8877""FD48B7"编码。记住这些编码，因为掌控板接收的就是这些编码，编程时若使用到红外遥控器会用到。

图17-6　掌控板显示屏显示红外遥控器发射的编码

17.3　深度探究——设计遥控调挡风扇

遥控调挡风扇要达到的效果是：在任何情况下，按红外遥控器1号键时，风扇转速小；按2号键时，风扇转速中等；按3号键时，风扇转速最大；按红色键时，风扇停止。掌控板显示屏上同步显示挡位。

1. 连接电路

在获取红外遥控器发射的编码电路的基础上，在M1电动机端接风扇，将风扇红线端接M1"+"接线端，黑线端接M1"-"接线端。图17-7为连接好的遥控风扇电路。

2. 编写程序

在Mind+"上传模式"下，将前面例子的基础上，再新建一个文件，将掌控板与计算机连接好，通过"扩展"按钮先后调出掌控板控制语句和扩展板控制语句，最后通过"扩展"按钮选择通信模块中的"红外接收模块"，调出"通信模块"。

本例应用4个并列的条件判断语句实现遥控调挡风扇的效果，编写的参考程序如图17-8所示。

图17-7　遥控风扇电路连接　　　　图17-8　遥控调挡风扇参考程序

从图17-8的程序可以看出，本例也新建了字符串类型变量 变量 红外字符 ，用来将获取的编码转化成字符串，与设定的编码比较，即判断按了哪个按键。

从前面的例子中，我们已获知红色、1、2、3号这4个按键的键值分别为"FD00FF""FD08F7""FD8877""FD48B7"，本例中要应用这几个按键，所以在程序中先分别将这些编码作为条件中的固定值，与按键时产生的编码相比较，若相同，则条件成立，就能确定按了哪个按键，可执行其中的语句。

最后一句的等待时间设为1秒，主要是为了使显示屏跳动得慢一点，并且解决按按键的时滞问题，可根据自己的测试情况设置合适的值。

3. 测试程序

将程序上传到掌控板后，给扩展板外接电源进行测试，就可用遥控器上的红色、1、2、3号键控制风扇的转动了，程序中可修改的地方有风扇的转速、等待的时间等参数。

17.4 课后练习

键值就是按遥控器上的按键发射的编码，应用本课获取红外遥控器发射编码的方法，将表17-1填完整。

表17-1　Mind+中IR kit红外遥控器键值表

遥控器字符	键值	遥控器字符	键值
红色按键	FD00FF	ST/REPT	
VOL+		1	FD08F7
FUNC/STOP		2	FD8877
左2个三角		3	FD48B7
暂停键		4	
右2个三角		5	
向下三角		6	
VOL-		7	
向上三角		8	
0		9	
EQ			

第18课 综合创意设计二 文物保护装置

学习目标

✳ 认识超声波测距传感器。

✳ 进一步体验创意设计的思路。

器材准备

掌控板、USB数据线（Type-C接口）、带USB输出口的5V锂电池、扩展板、风扇模型、URM10超声波测距传感器、DHT11数字温湿度传感器。

18.1 预备知识——认识超声波测距传感器

超声波传感器是将超声波信号转换成其他能量信号（通常是电信号）的传感器，具有频率高、波长短、绕射小、方向性好、能够以射线定向传播等特点，超声波碰到杂质或分界面会产生显著反射形成反射回波。超声波测距传感器就是利用这个特点工作的。

超声波测距传感器由超声波发射器、接收器与控制电路组成，工作原理如图18-1所示。超声波测距模块接收到触发信号后发射超声波，当超声波投射到物体表面被反射回来后，模块输出回响信号，以触发信号和回响信号间的时间差，使用$s=vt$公式计算与障碍物的距离。

图18-1 超声波测距传感器原理

Mind+支持的超声波测距传感器主要有URM超声波测距传感器和HC-SR04超声波传感器。

图18-2为URM10超声波测距传感器，感知距离为2～800cm。

URM10超声波测距传感器接口有4个接线引脚，Trig是发射信号端，可接扩展板上的数字引脚，Echo是接收信号端，也可接扩展板上的数字引脚，"+""-"引脚接扩展板"+""-"引脚，用于给传感器供电。

图18-3为HC-SR04超声波测距传感器，感知距离为2～450cm。

HC-SR04超声波测距传感器的4个接线引脚要用图18-4中的杜邦线连接。

图18-2　URM10超声波测距传感器

图18-3　HC-SR04超声波测距传感器

图18-4　杜邦线

杜邦线可用于实验板的引脚扩展，可以非常牢靠地和插针（孔）连接，无须焊接，可以快速进行电路试验。杜邦线分为公对公、母对母、公对母三种，在后面的课程中会用到。

18.2　引导实践——应用超声波测距传感器制作文物保护装置

1. 应用超声波测距传感器测量距离

本例的目的是学习超声波测距传感器的使用，我们拟使用URM10超声波测距传感器来做实验。

（1）电路连接。

将掌控板插入扩展板，有显示屏的一面面向扩展板上有文字"掌控板"的一边。URM10超声波测距传感器要用图18-5中的4PIN线连接，注意一定使用黑色接线端4根线要分开的4PIN线。

将4PIN线白色插头插入URM10超声波测距传感器，另一头的红线接在扩展板红色引脚一排的任一引脚，黑线接在扩展板黑色引脚一排的任一引脚，蓝线接在P9引脚上，绿线接在P8引脚上，连接好的电路如图18-6所示。一定要确认P8接的是绿线（Trig），P9接的是蓝线（Echo），下面编程会用到。

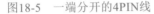

图18-5　一端分开的4PIN线　　　图18-6　URM10超声波测距传感器的电路连接

（2）编写程序。

将连接好电路的掌控板与计算机相连，在Mind+"上传模式"下新建一个文件，将Mind+与掌控板连接好，通过"扩展"按钮先后调出掌控板控制语句和扩展板控制语句，最后通过"扩展"按钮选择传感器模块中的"超声波测距传感器"模块，如图18-7所示，调出"超声波测距传感器模块"语句。不能选择IIC超声波测距传感器，因为品种不同。

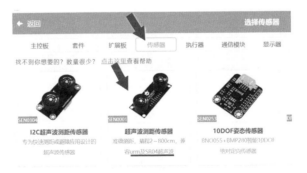

图18-7　选择超声波测距传感器

控制超声波测距传感器的语句只有 读取超声波传感器距离 单位 厘米▼ trig为 P0▼ echo为 P2▼ 这一句，从语句中可选择测距的单位和接入的引脚号。

应用URM10超声波测距传感器测量距离的程序如图18-8所示。

图18-8　超声波测距传感器测距程序

从程序中可以看出，新建 变量 距离 来记录超声波测距传感器感知的距离值，设置的接入引脚号与电路连接中的一致，即P8接绿线（Trig），P9接蓝线（Echo）。屏幕显示文字 合并 合并 "距离" 变量 距离 "cm" 在坐标 X 22 Y 22 预览 语句用来在显示屏上显示实时测得距离值，其中文字内容显示的结构是"运算符"模块中的两个 合并 "hello" "world" 语句嵌套组合而成 合并 合并 "hello" "world" "world" ，这样就能连续显示三方面的内容了。程序中最后等待1秒表示测距离的间隔时间为1秒，这个时间不能设得太短，否则数字在显示屏上会闪动得太快，用户看不清楚具体的距离值。

（3）测试程序。

将程序上传到掌控板上，就可用超声波测距传感器来测量距离了。图18-9为超声波测距传感器测距显示，可以用手在传感器前面前后移动，观察显示屏上的距离显示的变化。

2. **距离控制风扇的转速**

（1）作品创意。

前面我们设计了多种风扇，可以用按钮、遥控器等来控制，本节课学习的超声波测距传感器，也可以应用在风扇中。现在我们再设计一个风扇，当室温高于20℃时，人距离风扇小于50cm时风扇转动，否则不转动，距离越近，转速越小。本例需要的主要元器件是：掌控板及扩展板、URM10超声波测距传感器、DHT11数字温湿度传感器、风扇模型等。

（2）电路连接。

本例电路连线很简单，只需在前面超声波测距传感器测距的基础上，将DHT11数字温湿度传感器用3PIN线接在P1这一行的引脚上，注意3PIN线一定与相同颜色的引脚连接，将风扇模型接在电动机驱动M1上，红线接"+"引脚，黑线接"-"引脚。连接好的电路如图18-10所示。

图18-9　用超声波测距传感器测距

图18-10　距离控制风扇的电路连接

（3）编写程序。

在Mind+中，将前面的超声波传感器测量程序保存后，再执行"项目"→"另存项目"命令，保存为"距离控制风扇"文件。我们在前面例子的基础上继续编写程序。编程前，要通过"扩展"按钮选择传感器模块中的"DHT11数字温湿度传感器"模块，调出"DHT11数字温湿度传感器"语句。

编写好的距离控制风扇的参考程序如图18-11所示。

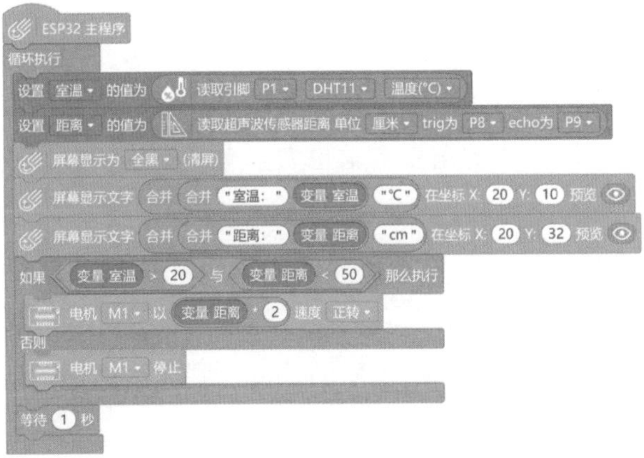

图18-11　距离控制风扇的参考程序

从程序中可以看出，我们设置了 变量 室温 和 变量 距离 两个变量，用于分别记录传感器感知的实时温度和距离。温度和距离在掌控板显示屏上能实时显示。程序主体结构为双支路的条件语句，转动的条件为 变量 室温 > 20 与 变量 距离 < 50 ，是应用了"运算符"模

块中的 <（ 与 ）> 语句嵌套了两个比较数据大小的语句，表示两个条件都满足时才执行电动机转动的程序，即温度要高于20℃，且距离要小于50cm，电动机才转动。程序中，电动机的转动设置的不是固定值，而是测得的距离值乘以2，是一个随距离变化的量。

（4）调试修改。

将编写的程序上传到掌控板，给扩展板外接电源，然后进行测试。

图18-12为测试场景，若温度达不到20℃，可以手捂住温度传感器来升温，可用另一只手在超声波测距传感器前面前后移动，变换距离，体会风扇的转速变化。

图18-12　温度和距离控制的风扇

经过测试，这个程序达到了所需效果。程序中的温度、转速可根据实际测试情况进行修改。

3. **设计文物保护装置**

（1）作品创意。

前面的例子中，我们学习了用多个传感器做出具有一定智能反应的作品，可以应用在现实生活中。其实，这样的场景需求也大多来自于生活，我们要多观察，用学到的知识解决现实生活中的小问题。

如某文物在展览时只能远观，不能靠近，更不能抚摸，展览环境也有要求，温度不能太高，空气湿度也不能太大。我们能不能给文物设计一个报警保护装置来解决这几个问题呢？答案是肯定的，利用上面的距离控制风扇转速的所有硬件，连线也不变，就能做出一个文物保护装置。

具体的设计思路是：用超声波测距传感器解决距离感知问题，当有人靠得特别近时，如离文物小于10cm时，掌控板上2号LED灯闪烁红光，同时蜂鸣器连续响，提醒观众文明观展；用温湿度传感器来感知环境的温度和湿度，当温度高于24℃时，掌控板上的0号LED灯发出红光，同时蜂鸣器响一声，风扇开始转动散热；当湿度大于

60%，掌控板上的1号LED灯发出红光，同时蜂鸣器响一声，风扇开始转动散热；正常时，所有LED灯发出绿光，风扇不转。

（2）编写程序。

电路与前面的例子一样，将前面例子的程序保存好之后，新建一个文件，通过"扩展"按钮调出掌控板、扩展板、超声波测距传感器、温湿度传感器等模块控制语句，将掌控板与计算机连接好。

下面先给出图18-13中的文物保护装置的参考程序，再分析每一部分的作用及编写方法。

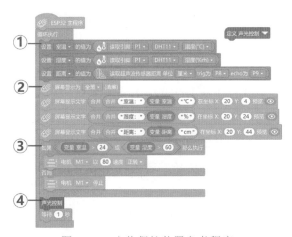

图18-13　文物保护装置参考程序

从图18-13中可以看出，新建了三个变量室温、湿度、距离，分别用来记录环境温度、湿度、观众离文物的距离。循环执行框中的程序分为4部分。

①中的语句块分别给三个变量赋值，湿度值也是用温湿度传感器获取的，只是将语句选项中的"温度"改为"湿度"。

②中的语句块的作用是在掌控板显示屏上显示实时的室温、湿度、距离的值。

③中的语句块用于控制风扇的转动。风扇转动的条件为 变量 室温 > 24 或 变量 湿度 > 60 ，应用了 或 语句，室温高于24℃或湿度大于60%，只要有一个成立，风扇就转动。即室温高于24℃，风扇转动散热；空气湿度大于60%，风扇转动加快水分蒸发；

两个条件都满足时，风扇也转动，既散热也加快水分蒸发。如果一个都不成立，表明温度和湿度都正常，风扇不转。

④中的语句块是定义的函数"声光控制"，单击 定义 声光控制 ▼ 中的三角形按钮，展开"声光控制"函数，如图18-14所示，可看到其中编写的语句。

"声光控制"函数由3个双分支条件语句框组成。

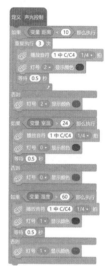

第1个双分支条件语句框是感知观众与文物距离的，当超声波测距传感器感知的距离小于10cm时，在执行框中嵌套重复执行3次的循环语句框，保证蜂鸣器响3次，2号LED灯闪烁3次红光的效果。若条件不成立，则2号LED灯发出绿光，表明观众都是正常观看文物。

第2个双分支条件语句框是感知环境温度的，当温度高于24℃，蜂鸣器发声，0号LED灯发出红光。若条件不成立，则0号LED灯发出绿光，表明环境温度正常。

第3个双分支条件语句框是感知空气湿度的，当湿度大于60%，蜂鸣器发声，1号LED灯亮红光。若条件不成立，则1号LED灯发绿光，表明湿度正常。

图18-14 "声光控制"函数中的语句

（3）调试修改。

将编写的程序上传到掌控板，给扩展板外接电源，然后进行测试。程序中可修改的地方有很多，但主要还是距离、温度、湿度和风扇转速数值，一定要多进行测试，将程序编写得更完美。

18.3 课后练习

用本课中的文物保护装置中这些硬件加Mind+软件做一个作品，能解决现实生活中某一场景中的具体问题，看看能不能想到一个场景，试试看。

第19课 小车自由行

学习目标

* 理解小车运动的原理。
* 会组装小车。
* 能使小车自由行。

器材准备

掌控板、USB数据线（Type-C接口）、带USB输出口的5V锂电池、扩展板、杜邦线、2WD1622两轮小车套装（含车架、车轮、电动机等）。

19.1 预备知识——了解小车

1. 了解小车的电路原理

前面我们学习了用掌控板、扩展板、130型电动机设计风扇，也就是控制一个130型电动机的转动。其实扩展板能同时驱动两个130型电动机，如图19-1所示，可以在扩展板的输出口M1、M2各接一个电动机来驱动小车运动。

从图19-1中可以看出，由于小车要运动，不可能始终用USB线与计算机连接，所以要配置专门的电源供电。拔出USB线后，上传到掌控板中的程序还保存在其中，可控制硬件的反应。

2. 认识2WD1622两轮小车的底盘套件

图19-2为标准的2WD1622两轮小车底盘套件，长22cm，宽16cm。主要部件为一块底盘、两个130型齿轮电动机、两个橡胶轮、一个万向轮和一些紧固件。

130型齿轮电动机是驱动小车的重要元器件，大致是一个长方体，如图19-3所示，其中的130型电动机上有两个铜接线片，对应的侧部各有一个白色的驱动轴，用于连接车轮。

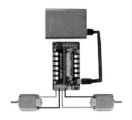

图19-1　驱动小车运动的元器件和电路连接

图19-2　2WD1622两轮小车底盘套件

如图19-4所示，拆开130型齿轮电动机，可以看到其组成为一个130型电动机和一组减速齿轮。齿轮的作用是将电动机转动的高速转化为小车需要的低速。

图19-3　130型齿轮电动机

图19-4　130型齿轮电动机内部结构

19.2　引导实践——组装小车，让小车动起来

1.　连接电路

本例需要的主要元器件包括：1块掌控板、1块扩展板、1套2WD1622两轮小车底盘套件。

（1）小车结构组装。

组装前，先要把两个130型齿轮电动机上的电线接好，最好焊接，并用胶将电线固定好，如图19-5所示。

用紧固薄片和螺杆将130型齿轮电动机固定好，要注意，两个电动机的接线都要放在内侧，万向轮用螺杆安装在与130型齿轮电动机同面的车架后方，最后安装橡胶轮。组装好的车体如图19-6所示。

图19-5　130型齿轮电动机电线焊接　　　　图19-6　组装好的车体

（2）电路连接。

将小车放平，可将掌控板放在车体中间位置，用一个螺杆可将扩展板固定在车体上，连线时，将两个130型齿轮电动机的驱动线分别接在扩展板M1和M2端口上，连接好后的电路如图19-7所示。

检查好电路后，才能用USB数据线将掌控板与计算机相连编写程序。

2. 编写程序

运行Mind+，切换到"上传模式"，将连接好电路的掌控板与计算机相连，新建一个文件，通过"扩展"按钮调出掌控板、扩展板控制语句。

本例的设计目标很简单，就是车轮转动，小车能向前运动。从图19-7中可以看出，接在M1端口的130型齿轮电动机在车体前向的左边，蓝线接M1"＋"，黑线接M1"－"；接在M2端口上的130型齿轮电动机在车体前向的右边，蓝线接M2"＋"，黑线接M2"－"。根据连线编写了如图19-8所示的程序。

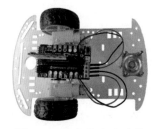

图19-7　小车的电路连接　　　　图19-8　小车向前运动参考程序

3. 调试修改

上传程序到掌控板后，小车轮子不会直接转动，因为掌控板提供的电压不高，不能驱动电动机，所以要外接电源。外接电源前，将掌控板与计算机脱离，先将扩展板上的电源开关拨到OFF位置，接好电源后，要用手将小车拿起来，离开桌面，看一看轮子的转动。将扩展板上的电源开关拨到ON位置，结果如图19-9所示，前向左轮向前运动，而前向右轮向后运动，这时小车若放在地面上就会向右转圈，不会直行，与所要求的目标不符。

轮子一正一反旋转的原因就是连线，我们是按图19-1中的原理图连线的，用的是两个相同的电动机，焊接的杜邦线也是一样的，装到车上后，由于相对放置，不能蓝线都接"+"，黑线都接"-"，而应将前向右边电动机的蓝线接"-"，黑线接"+"。图19-10为重新更改连线的小车。再测试时两个轮子就会一起向前运动，达到小车直行的目的。

图19-9　转圈的小车　　　　　图19-10　更改连线后的小车

当然，也可以不改连线，改程序，将 `电机 M2 · 以 100 速度 正转 ·` 中的"正转"改为"反转"，也可以达到小车直行的目的。

19.3　深度探究——小车能前后左右自由行走

本例的设计目标是：小车前进一段距离后再后退一段距离，然后向左转前进一段距离再后退一段距离，最后向右转前进一段距离再后退一段距离，循环此运动方式。

完整的参考程序如图19-11所示。

程序中标明了每一部分语句的作用。"后退"只是在"前进"的基础上将"正转"改为"反转"，PWM功能就会产生与"前进"不同的电流方向，电动机的运动方向就会改变，从而小车就会向后运动。

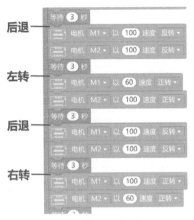

图19-11　小车自由行参考程序

"左转"是在"前进"的基础上将M1的速度降为60，这样左轮速度小于右轮速度，小车就会向左前方运动。

"右转"的程序语句与"左转"的相反，是将M2的速度降为60，相应地，左轮速度大于右轮速度，小车就会向右前方运动。

将程序上传到掌控板，拔出USB数据线，给扩展板接上外接电源，将小车放在地面上，打开掌控板电源开关，小车就会按设定的路线行驶。

19.4　课后练习

在调试时，小车有时出现直行不走直线的问题，可能与地面、轮子、电动机等有关，这就需要根据实际情况调整M1、M2的赋值，不断地进行测试。请你根据小车的运行情况，调整程序中M1、M2的赋值，达到自己满意的效果。

第20课 避障小车

学习目标

* 会制作超声波避障小车。
* 学习多个传感器的综合应用。

器材准备

　　掌控板、USB数据线（Type-C接口）、带USB输出口的5V锂电池、扩展板、杜邦线、2WD1622两轮小车套装（含车架、车轮、电动机等）、URM10超声波测距传感器、DMS-MG90金属9g舵机。

20.1　预备知识——超声波测距传感器在生活中的应用

　　超声波测距传感器能通过发射和接收超声波侦测出与障碍物的距离，我们可将这个功能用在需要避障的场景中。图20-1中的扫地机器人、汽车倒车雷达、无人驾驶汽车等设备就应用了超声波测距传感器来实现避障功能。

　　倒车雷达是汽车驻车或倒车时的安全辅助装置，能以声音或更为直观的距离显示告知驾驶员周围障碍物的情况，帮助驾驶员扫除视野死角。倒车雷达就是应用超声波测距传感器实现的避障功能：由安装在车尾保险杠上的超声波测距传感器发出超声波，碰到障碍物后反射回来，装置中的智能系统会实时计算出车体与障碍物间的实际距离，然后提示给司机，使停车或倒车更容易、更安全。

图20-1　应用超声波测距传感器的设备

　　无人驾驶汽车是通过车载传感系统感知道路环境，自动规划行车路线，并控制车

126

辆到达预定目标的智能汽车。无人驾驶汽车也应用超声波测距传感器感知车辆周围障碍物，把这个信息和其他传感器感知的信息共同分析，从而控制车辆的转向和速度，使车辆能够安全、可靠地在道路上行驶。

扫地机器人是智能家用电器的一种，可以自动在房间内完成地板清理工作。扫地机器人的侦测系统一般也应用超声波测距传感器来避障，因为超声波测距传感器的价格低，灵敏度高。

20.2　引导实践——用超声波测距传感器做避障小车

1. 连接电路

本例需要的主要元器件包括：1块掌控板、1块扩展板、1个URM10超声波测距传感器、1套2WD1622两轮小车套装、带USB输出口的5V锂电池。

超声波避障小车的电路连接较简单，只需在自由行小车的基础上加一个超声波测距传感器，连线方法如图20-2所示。

连线时，将一端4根线分开的4PIN线白头插入URM10超声波测距传感器，另一头的红线接在扩展板红色引脚一排的任一引脚，黑线接在扩展板黑色引脚一排任一引脚，蓝线接在P9引脚上，绿线接在P8引脚上。

将超声波测距传感器卡在小车底盘车头前面的槽中，双头水平朝前。连接好的实物如图20-3所示。

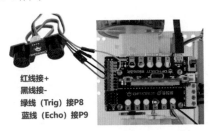

图20-2　超声波测距传感器连接小车的电路

图20-3　连接好超声波测距传感器的小车

2. 编写程序

将连接好电路的掌控板与计算机相连，在Mind+"上传模式"下新建一个文件，将Mind+与掌控板连接好，先通过"扩展"按钮调出掌控板、扩展板的控制语句，再通过"扩展"按钮选择传感器模块中的"超声波测距传感器"模块，调出"超声波测距传感器模块"语句。不能选择IIC超声波测距传感器，因为品种不同。

本例的设计目标是：若前面无障碍，小车直行；若在小于或等于20cm处遇到障碍物，就后退一段距离，改变方向，向右前方行驶。

避障小车的参考程序如图20-4所示。

图20-4　超声波避障小车的参考程序

程序中新建了数字型变量"距离"，用来表示超声波测距传感器测量的实时距离值，程序中循环执行框中的第二条语句是将距离值显示在掌控板显示屏上。下面为并列的两个条件判断语句，条件为逻辑比较，就是与超声波测距传感器测量的距离进行比较，确定是大于20cm，还是小于或等于20cm，满足哪个条件就执行其对应的语句。在条件满足小于或等于20cm时，小车后退3秒后右转，右转延时运行1秒，然后循环到程序第一句，沿新方向直行。

3. 测试程序

将程序上传到掌控板后，断开与计算机的连接，给扩展板接上外接电源，在地面上测试小车的避障功能能否实现，避障距离可根据实际情况修改。

20.3　深度探究——用舵机和超声波测距传感器做扫描避障小车

前面的避障小车中的超声波测距传感器是固定的，只能探测前方小范围内是否有障碍物，旁边的障碍物不能探测到。为了解决这个问题，可以把超声波测距传感器和舵机组合使用，在小车前行的过程中，超声波测距传感器在前方180°范围内不停地转动扫描，探测是否有障碍物，从而做出判断。

1.　连接电路

在上面例子的基础上，需要加一个舵机。如图20-5所示，DMS-MG90金属9g舵机的黄线是信号线，接的是扩展板上的P1引脚。红线接扩展板上的"+"引脚，棕色线接扩展板上的"-"引脚，这是给舵机供电的。实际连接时，只需将舵机线板插在掌控板P1这一排，保证黄线与P1引脚相连。

电路连接后，还要将超声波测距传感器和舵机固定在小车前端。如图20-6所示，我们用螺钉将舵机固定在小车底盘前，超声波测距传感器用扎带紧紧地绑在舵角上。

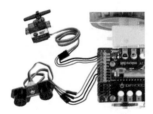 

图20-5　电路连接　　　　图20-6　固定超声波测距传感器和舵机

2.　编写程序

将前面避障小车的程序保存后，再将其另存为"扫描避障小车"的项目文件，我们在这个基础上修改。

编程前，我们要编写一个小程序来确定超声波测距传感器的方向。

先通过用"扩展"按钮，在执行器选择舵机模块，调出舵机的控制语句块。将舵

角拆下来，编写出图20-7中的程序，上传到掌控板运行，可将舵角转到90°，再将舵角装上去，保证超声波测距传感器面向正前方。

扫描避障小车的程序编写较简单，在上面的超声波避障小车程序的基础上进行简单的添加就可完成。扫描避障小车的参考程序如图20-8所示。

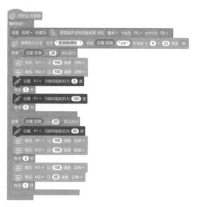

图20-7 将舵机的舵角设置为90°的程序　　　图20-8 扫描避障小车的参考程序

在距离大于20cm时的执行语句中添加了舵机在0～180°来回转动的语句；在距离小于或等于20cm时的执行语句中添加了使舵机停在中间、超声波测距传感器面向正前方位置的语句。

3. 测试程序

将程序上传到掌控板后，给扩展板接上外接电源，放到地上，就能看到扫描避障小车的运行情景。

20.4　课后练习

本例中的两个程序都应用了条件语句，并且应用的是并列的两条，因为这样好理解一些。其实这个程序可以简化，只用一条条件判断语句就行了，请你试试看，将上面的程序进行修改，但要达到相同的目的。

第**21**课 巡线小车

学习目标

* 认识灰度传感器。
* 学会用灰度传感器做出巡线小车。

器材准备

　　掌控板、USB数据线（Type-C接口）、带USB输出口的5V锂电池、扩展板、2WD1622两轮小车套装（含车架、车轮、电动机等）、灰度传感器（Mini巡线传感器）、1.8cm宽黑色绝缘胶带、白色2m×2m的场地、适量的螺钉和螺丝。

21.1　预备知识——认识灰度传感器

　　灰度传感器是用来识别物体颜色深浅的传感器，分为模拟和数字两种，分别输出模拟信号和数字信号。巡线小车中用的灰度传感器只要能输出数字信号就行，图21-1所示的Mini巡线传感器就是一种数字类灰度传感器，只用来识别黑白颜色，是根据红外线在不同颜色的物体上反射强弱不同的原理（深色反射弱，浅色反

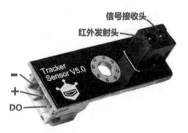

图21-1　Mini巡线传感器

射强）开发出来的。Mini巡线传感器有一只红外发射头和一只信号接收头（光敏电阻），利用不同颜色的检测面对红外线的反射程度不同，光敏电阻对不同检测面返回的光线强弱不同，从而阻值也不同的原理进行颜色深浅检测。Mini巡线传感器的红外发射头和信号接收头（可以统称为探头）安装在同一平面上，能在1～2cm的有效检测距离内，检测白底中的黑线，也可以检测黑底中的白线。当检测到白色时，输出"高电平"；当检测到黑色时，输出"低电平"，这样就能用在小车上进行白线或者黑线的跟踪，做出巡线小车。

图中的Mini巡线传感器上有三个接线引脚，"+""-"用来供电，DO是数字信号输出口，可以用3PIN线与扩展板相连。

21.2 引导实践——检测Mini巡线传感器

本例要检测一下Mini巡线传感器对黑白两种颜色的反应，我们用掌控板上的LED灯来区别传感器碰到的是白色还是黑色，碰到白色亮蓝光，碰到黑色亮红光。另外，Mini巡线传感器上也有1个LED指示灯，碰到白色时亮，碰到黑色时不亮。

1. 连接电路

Mini巡线传感器与扩展板连接较简单，连线如图21-2所示，用3PIN线将Mini巡线传感器连在扩展板P1引脚这一排，注意绿线一定接P1。

2. 编写程序

本例设计的检测过程是：如图21-3所示，在白纸上贴宽度为1.8cm的黑色绝缘胶带，操作Mini巡线传感器探头离纸面1cm左右，红外发射头和信号接收头（也可称为探头）向下，在黑色和白色区域之间移动，观察掌控板上LED灯的颜色。

将连接好电路的掌控板与计算机相连，在Mind+"上传模式"下新建一个文件，将Mind+与掌控板连接好，通过"扩展"按钮调出掌控板、扩展板控制语句。在编程区编写如图21-4所示的程序。

  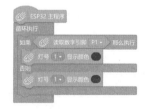

图21-2　Mini巡线传感器电路连接　　图21-3　灰度传感器测试场景　　图21-4　Mini巡线传感器的测试程序

程序分析：当Mini巡线传感器碰到白色时，输出"高电平"，则条件满足，掌控板上1号LED灯发蓝光；当碰到黑色时，输出"低电平"，条件不满足，掌控板上1号LED灯发红光。

3. 测试程序

将程序上传到掌控板后，摆动Mini巡线传感器，当移到黑色区域上面时，可观察到掌控板中间的LED灯发出红光，传感器上的LED指示灯不亮；当Mini巡线传感器移到两旁的白色区域上面时，掌控板中间的LED灯发出蓝光，这时传感器上的LED指示灯也亮了。

21.3　深度探究——用Mini巡线传感器做巡线小车

如图21-5所示，本例要做一个沿宽度为1.8cm黑色轨迹线行驶的小车。车上安装了两个Mini巡线传感器，传感器之间间隔了约3cm左右，黑色轨迹线在中间。

小车行驶时可能出现三种状态，如图21-6所示。

图21-5　小车按黑色轨迹行驶

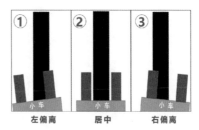

图21-6　巡线小车可能出现的三种状态

②中两个Mini巡线传感器检测到的都是白色，表示小车正常行驶；①中左边的Mini巡线传感器检测到的是白色，右边的Mini巡线传感器检测到的是黑色，表示小车左偏离，需要修正，使其向右行驶；③中左边的Mini巡线传感器检测到的是黑色，右边的Mini巡线传感器检测到的是白色，也需要修正，使其向左行驶。

1. 连接电路

对于小车的电路连接，我们只讲Mini巡线传感器的连接，其他的与小车自由行一样。

连线时，我们把小车前向左侧的Mini巡线传感器用3PIN线与扩展板上的P2一排的引脚相连，注意绿线接P2引脚；小车前向右侧的Mini巡线传感器与P1一排的引脚相连，注意绿线接P1引脚。图21-7为连线示意图。

连好线后要把两个Mini巡线传感器在小车上按要求固定好。第一个要求是二者之间相距3cm左右，第二个要求是两个探头离地面约1cm左右。如图21-8所示，用螺杆、螺帽、垫片等元器件将两个Mini巡线传感器按要求固定在小车的卡槽中。

图21-7　Mini巡线传感器与扩展板的电路连接

图21-8　固定Mini巡线传感器

2. 编写程序

根据前面Mini巡线传感器的检测情况，当Mini巡线传感器移到白色区域上面时，掌控板上的LED灯发出蓝光，传感器上的LED指示灯亮，表明输出的是"高电平"；当Mini巡线传感器移到黑色区域上面时，可观察到掌控板中间的LED灯发出红光，传感器上的LED指示灯不亮，表明输出的是"低电平"。

本次编写程序的思路是：当两个Mini巡线传感器输出的都是"高电平"时，执行直行语句；当左边Mini巡线传感器输出"高电平"、右边Mini巡线传感器输出"低电平"时，执行右转语句；当右边Mini巡线传感器输出"高电平"、左边Mini巡线传感器输出"低电平"时，执行左转语句。编写的参考程序如图21-9所示。

程序由两个双分支条件语句框嵌套组成，在程序块①的条件中，组合语句块 读取数字引脚 P2▼ 与 非 读取数字引脚 P1▼ 表示左边Mini巡线传感器输出"高电平"（检测到白色）与右边Mini巡线传感器输出"低电平"（检测到黑色）同时出现，即小车左偏离，这是判断小车要右转的条件。执行右转的语句将M1（左轮）的速度值设为50，M2（右轮）的速度值设为0，于是小车就右转。程序块②是执行左转的语句，与右转类似。

程序块③是直行语句，是在两个条件都不满足时执行，左轮和右轮速度相同，小车向前运动。

3. 调试程序

将程序上传到掌控板后，给扩展板外接电源，如图21-10所示，在准备好的场地上就可以测试巡线小车了。

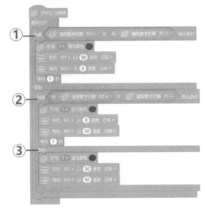

图21-9　巡线小车参考程序　　　　　　图21-10　巡线小车巡线

由于摩擦、电动机、电源等问题，可能不会一次就巡线成功。要根据小车实际运行情况，对速度值进行调整。

21.4　课后练习

请你用1.8cm黑色绝缘胶带在白色地板（白纸）上贴出如图21-11所示的路径，应用本课中的小车，通过编写程序，使小车能从起点沿黑线运动到终点停止。

图21-11　巡线线路

第 **22** 课 物联网入门

学习目标

* 了解物联网及应用。
* 会在物联网平台上注册账号。
* 会用物联网进行双向通信、收发数据。

器材准备

掌控板、USB数据线（Type-C接口）、带USB输出口的5V锂电池、扩展板、安卓（Android）手机、温湿度传感器、风扇模块。

22.1 预备知识——在物联网平台注册账号

1. 了解物联网平台

物联网（Internet of Things，IoT）就是将现实世界中的物体连到互联网上，即"万物相连的互联网"。如图22-1所示，物联网是在互联网基础上延伸和扩展的网络，是将各种信息传感设备与互联网结合起来形成的一个巨大网络，在任何时间、任何地点，能实现人、机、物的互联互通。

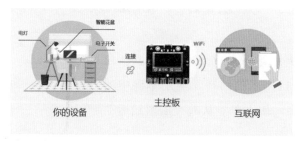

图22-1　简单物联网

例如现在的共享单车就是物联网的一个典型应用，单车上面的锁连网后就不再需

136

要钥匙开锁，只需要用手机扫码，锁就能通过网络收到开锁的命令后自己打开。

Mind+ 1.5.2以后的版本都支持掌控板的物联网应用，通过搭载物联网云平台，只需要进行简单操作即可实现功能应用。目前国内外已有很多物联网平台，但部分物联网平台都是面向专业开发人员，操作复杂，上手困难。如图22-2所示，DFRobot建立了Easy IoT物联网平台（iot.dfrobot.com.cn），大大降低了物联网的使用门槛，所有复杂的通信连接都被封装成库，提供所有必要的API接口，我们只需要在平台上创建项目，就能进行物联网通信实验。

图22-2　Easy IoT物联网平台

2. **在Easy IoT物联网平台上注册账号**

在Easy IoT物联网平台上的操作步骤如下。

（1）注册用户，获取iot_id（用户名）、iot_pwd（密码）。

在浏览器的地址栏中输入iot.dfrobot.com.cn，打开如图22-2所示的Easy IoT物联网平台，单击右上方的"注册"按钮打开注册窗口，如图22-3所示，用手机或邮箱均可注册。

注册完成后，会出现如图22-4所示的工作间，平台自动生成了iot_id（用户名）、iot_pwd（密码），若是以点的形式隐藏，可单击下方的眼睛图标显示查看。iot_id和iot_pwd组成了Easy IoT的账号，用于后面的物联网通信。

（2）添加设备，设置项目名。

单击图22-4中的"添加新的设备"按钮，添加一个设备，如图22-5所示，可将项目名（蓝色）改为LED-on，Topic为项目设备的id号，是平台自动生成，不能修改。

图22-3　注册步骤

图22-4　Easy IoT平台的用户工作间

图22-5　给项目改名

22.2　引导实践——手机远程控制掌控板上的LED灯

本例的设计目标是：用手机发指令on或off，通过物联网能远程控制掌控板上LED灯亮时的颜色。

在Mind+"上传模式"下新建一个文件，将Mind+与掌控板连接好，通过"扩展"按钮调出掌控板控制语句。

1.　物联网连接和WiFi设置

（1）加载MQTT和WiFi。单击扩展图标，如图22-6所示，选择"网络服务"选项，分别单击MQTT和"WiFi"后再返回，完成加载。

如图22-7所示，模块区有了"网络服务"图标模块，以及MQTT和WiFi控制语句。

（2）编写连接WiFi和"MQTT"的程序。为了能直观地看到连接是否成功，我们用掌控板显示屏显示连接状态。编写好的连接WiFi和MQTT的程序如图22-8所示。

图22-6　加载MQTT和WiFi模块

图22-7　"网络服务"模块控制语句

图22-8　连接WiFi和MQTT的程序

　　程序①为连接WiFi，要连接掌控板所处环境中的WiFi，热点名称和密码设置正确才能联网，连接成功后在屏幕上显示成功信息。

　　程序②为连接MQTT，连接采用的MQTT协议是一个基于"客户端-服务器"的消息发布/订阅传输协议，是轻量、简单、开放和易于实现的协议，应用很广泛。设置参数时要单击 MQTT 初始化参数 右端的设置图标，展开如图22-9所示的设置参数窗口。

　　物联网平台选择Easy IoT，服务器的地址选"中国"，下面的三个物联网平台参数来源于图22-10中在Easy IoT平台上获取的IoT账号、密码和设备Topic，将其复制、粘贴到相对应处就完成了参数设置，IoT账号、密码用于登录平台，Topic则是连接项目的通道。

图22-9　MQTT的参数设置界面　　　　图22-10　MQTT的参数

（3）测试是否连接了WiFi和MQTT。将编写的程序上传到掌控板，如果WiFi和MQTT都连接成功了，会在掌控板显示屏上先后显示"WiFi连接成功"和"MQTT连接成功"的提示信息。

2. 编写程序

通过物联网控制掌控板LED灯的参考程序如图22-11所示。

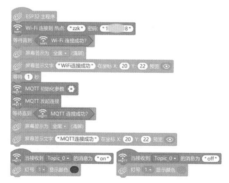

图22-11　通过物联网控制掌控板LED灯的参考程序

在前面连接WiFi和MQTT程序的基础上增加两条独立的接收物联网的信息，并执行控制掌控板上LED灯的语句，当接收的消息为on时，掌控板上1号LED灯发出红光；当接收的消息为off时，掌控板上1号LED灯发出绿光。

3. 测试程序

程序上传到掌控板后，将掌控板脱离计算机，外接电源给其供电，掌控板会主动连接互联网，当显示屏上显示"MQTT连接成功"提示信息时，我们就可以用计算机或手机发送指令，远程控制掌控板上的LED灯。

（1）应用计算机远程控制掌控板上的LED灯。

在Easy IoT物联网平台的工作间，单击图22-12中的"发送消息"按钮。

打开如图22-13所示的消息发送窗口。

图22-12　项目LED-on　　　　　　　图22-13　消息发送窗口

输入on，单击"发送"按钮，如图22-14所示，可看到LED灯发出红光；再输入off，单击"发送"按钮，可看到LED灯发绿光。

（2）通过手机控制掌控板上的LED灯。

在手机上也可登录Easy IoT物联网平台实现控制效果。在"微信"→"小程序"中搜索Easyiot，可找到easyiot小程序，如图22-15所示。

运行easyiot小程序，如图22-16所示，用Easy IoT物联网平台注册的用户名和密码登录，就可访问自己平台上的工作间。在手机上也可应用下方的"设备""创建"图标进行简单的设置操作。

图22-14　物联网控制LED灯　图22-15　在"微信"→　　　图22-16　在Easy IoT平台上登录
　　　　　　　　　　　　　　　　"小程序"中搜索

要发送指令时，单击"设备"图标，打开"我的设备"面板，界面如图22-17所示，单击设置图标，会弹出设置选择窗口，执行"发送消息"命令后转到消息发送界面。

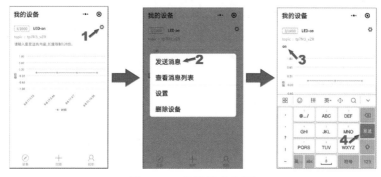

图22-17　发送指令步骤

在消息输入区输入字符on，单击"发送"按钮，可看到掌控板上LED发出红光；再输入字符off，单击"发送"按钮，则LED灯发出绿光。

22.3 深度探究——用手机远程监控室内温度并控制风扇

物联网通信是双向的，掌控板不仅能接收、执行物联网平台发送的信息，也能将通过传感器感知的信息发送到平台上，从而做到远程控制。本例的场景设定为宠物之家，室内温度通过物联网实时发送到主人远程手机端，当温度不正常时，手机端可随时控制室内风扇的开关。

1. 连接电路

图22-18为用手机远程监控室内温度和控制风扇的电路连接，温湿度传感器用3PIN线接在扩展板P1一排，注意绿线接在P1引脚上，风扇接在扩展板电动机驱动M1上。

图22-18　手机远程监控电路连接

2. Easy IoT平台设置

登录Easy IoT平台，进入自己的工作间，如图22-19所示，添加一个新设备，改名为"宠物之家"，用来传递温度信息及控制风扇。

图22-19　添加的新设备"宠物之家"

3. 编写程序

本次程序只需在前面例子的基础上进行修改，由于增加了扩展板和温湿度传感器、风扇等元器件，所以先要在模块区通过"扩展"按钮找出相关模块的控制语句才能编程。编写好的程序如图22-20所示。

首先要修改的是MQTT初始化设置，由于增加的设备"宠物之家"与上例中的设备LED-on的Topic_0设置不同，所以如图22-21所示，要将平台上"宠物之家"设备中的Topic中的字符复制粘贴到Topic_0，才能保证物联网正常连接。

图22-20　手机远程监控温度并控制风扇程序

图22-21　修改MQTT的初始化设置

程序中增加了循环执行语句框，其中的  是向Easy IoT平台发送温湿度传感器感知的实时温度，后面还加了等待60秒的语句，作用是每60秒向平台传一次温度。

程序后面的4条独立的语句用来接收物联网信息并执行控制风扇转动指令。当通过平台发出"on1"指令时，风扇转速为50；当指令为"on2"时，风扇转速为100；当指令为"on3"时，风扇转速为150；当指令为"off"时，风扇停止转动。

4. 测试程序

程序上传到掌控板后，将掌控板脱离计算机，外接电源给其供电，当显示屏上显示"MQTT连接成功"的提示信息时，就可以测试物联网应用了。

用计算机或手机登录Easy IoT平台，在自己的工作间中，单击图22-19中"宠物之家"设备中的"查看详情"按钮，可打开如图22-22所示的"查看消息"界面，这是温湿度传感器感知的实时温度，每间隔60秒就发送到平台上。

从图22-22中可以看到，实时监控的远程温度的变化有图形和文字两种呈现方式，形象、具体，一目了然。

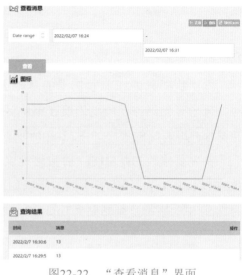

图22-22　"查看消息"界面

当看到宠物之家的温度过高时，可以用计算机或手机在平台上应用"宠物之家"设备中的"发送消息"的功能来控制风扇的转动和停止。

22.4　课后练习

我们在这节课初步学习了物联网知识，相信在以后的生活中会普遍应用。请你设计出一个应用物联网的智能家居生活场景，写出来，讲给同学、老师和家长听，同他们一起畅想未来生活。

第23课 人脸识别

学习目标

＊ 理解人脸识别原理。

＊ 通过人脸识别的实践，体验人工智能的典型应用。

器材准备

一台带摄像头的计算机、三个人像手持牌、互联网。

23.1 预备知识——了解人脸识别

说到人脸识别，不能不提人工智能。人工智能（Artificial Intelligence，AI），是研究、开发用于模拟、延伸和扩展人的智能的理论、方法、技术及应用系统的一门新的技术科学。人工智能是计算机科学的一个分支，它企图了解智能的实质，并生产出一种新的能以与人类智能相似的方式做出反应的智能机器。人工智能领域的研究包括机器人、语言识别、图像识别、自然语言处理和专家系统等。

人脸识别是人工智能在日常生活中最典型的应用，属于生物特征识别技术，是应用生物体（一般特指人）本身的生物特征来区分生物个体。

人脸识别系统的运行一般包括确立识别算法、获取原始图像数据、摄取现场图像、对比分析图像数据、给出人脸识别相似度等过程。

1. 确立识别算法

每个人脸识别系统都有自己的算法，最常用的是基于人脸特征点的识别算法。这个算法首先通过大数据采集几百或者上万人的人脸信息，把人脸划分为几十个关键点，分析每一部分的特点，以数据形式建立识别算法下的人脸数据库。在实际人脸识别时就使用这个算法来实施。

2. **获取原始图像数据**

要识别是不是某人，先要采集某人的图像信息，系统会应用算法分析出某人的人脸特征数据，保存在人脸数据库中。

3. **摄取现场图像**

现场用摄像头对要识别的人采集图像信息，上传到系统数据库。

4. **对比分析图像数据**

收到采集的图像信息后，系统会用算法对图像进行分析，与人脸数据库中的某人数据进行对比。

5. **给出人脸识别相似度**

经对比，系统会给出相似度。若相似度大于80%，可判断是某人；若相似度小于30%，可判断是其他人。

23.2　引导实践——通过人脸识别确认是不是小梅

1. **理解人脸识别的技术操作方法和原理**

本例的技术操作方法是：先选择一张小梅的头像图，保存在计算机硬盘上，然后在Mind+中编写、运行程序，通过摄像头获取任意人的头像，通过程序判断是不是小梅。

本例的原理如图23-1所示，运行在Mind+中编写的程序会将硬盘上小梅的图片上传到百度智能云（图中①），也会将摄像头采集的头像图片（图中②）上传到百度智能云（图中③），智能云会应用人脸识别算法对两张图进行智能对比，给出结论，再反馈给计算机（图中④），通过程序窗口显示或通过Mind+精灵说出来（图中⑤）。

2. **角色准备**

本例中为了保护个人隐私，不采用真实人像，而是应用手绘图来实践，不会影响实验效果。

如图23-2所示，将绘制的女孩图命名为"小梅"后保存在计算机硬盘上。

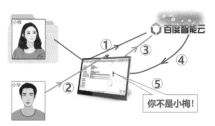

图23-1　Mind+应用百度智能云进行人脸识别的原理　　　　图23-2　小梅头像

绘制一张男孩图片，命名为"小华"后也保存在计算机硬盘上。将这两张图打印出来，如图23-3所示，分别制作两人头像的手持牌。

如图23-4所示，手持牌用来代替真人头像。

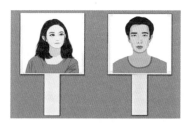

图23-3　小梅和小华头像的手持牌　　　　图23-4　用摄像头采集手持牌信息

3. 创建百度智能云应用

本例的人脸识别借助百度智能云的"AI图像识别"功能实现，所以要在百度智能云上创建一个应用。

使用前要注册百度AI的账户。账户注册方法为：如图23-5所示，打开百度AI开放平台ai.baidu.com，单击页面右上角的"控制台"按钮，进入"注册"页面进行注册。

图23-5　百度AI开放平台

使用刚注册的百度账号登录，登录成功后进入控制台页面，图23-6为创建"人脸识别"应用的步骤，先单击左上角蓝色菜单按钮打开菜单（图中①），再选择菜单中的"人脸识别"选项（图中②），接着在新页面中单击"创建应用"按钮（图中③），在其列表中先将应用命名，再将下面的"人脸检测""人脸对比""人脸搜索"等复选框全部勾选（图中④，有些用不上，但是都可以勾选，可以多选不可少选），最后单击"立即创建"按钮，就创建完成一个"人脸识别"应用（图中⑤）。

图23-6　创建"人脸识别"应用

图23-7为创建的"人脸识别"应用的账户参数，API Key、Secret Key是与百度智能云上自己创建的应用连接的保证，这两个账户参数将在后面的Mind+程序编写中用到。

图23-7　创建的"人脸识别"应用的账户参数

4. 编写程序

运行Mind+，切换到"实时模式"，通过左下方的"扩展"按钮打开模块选择窗口，如图23-8所示，加载"网络服务"中的"AI图像识别"模块。

返回后，如图23-9所示，在模块区出现AI图像识别语句。

图23-8　加载"AI图像识别"模块

图23-9　AI图像识别语句

完整的人脸识别程序如图23-10所示，这个程序直接运行是不会达到所需效果的，还需要对几个参数进行设置。

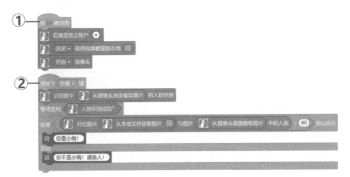

图23-10　人脸识别程序

程序①的作用是连接百度智能云上创建的"人脸识别"应用，确定将摄像头获取的头像上传到百度智能云服务器。应将 右边的"设置"打开，如图23-11所示，将前面在百度智能云上创建的"人脸识别"应用账户中的API Key、Secret Key参数复制到相应空白中，这两个参数设置正确，才能调用自己创建的"人脸识别"应用。

语句只将摄像头获取的图片上传到百度智能云，不保存到本地计算机中。也可打开此功能，若将图片保存在本地，那就要用语句块右边的设置按钮进行地址设置。

程序②的作用是进行人脸识别、分析判断并给出反馈信息。

程序设计为当按下空格键时，开始拍摄图片，上传到百度智能云服务器，通过 识别图中 从摄像头画面截取图片 的人脸信息 语句，百度AI图像识别系统开始对上传的图片进行人脸识别，获取人脸信息。

等待直到 人脸识别成功？ 语句也可以看作是一个条件语句，就是如果识别成功，获取了人脸信息，就执行下面的程序，否则就继续识别获取。

如果获取人脸信息成功后，就开始运行下面的条件语句，即分析判断并反馈信息。 对比图片 从本地文件获取图片 与图片 从摄像头画面截取图片 中的人脸 > 80 条件语句块设置条件为摄像头获取的图片与本地计算机中的图片相似度大于80%时，就判断为同一人。其中 从本地文件获取图片 也要打开右边的按钮来设置图片位置信息，如图23-12所示，这样才能将本地图片上传，百度AI图像识别系统分析图中的人脸信息，再与摄像头获取的人脸信息进行对比判断。

图23-11 设置"人脸识别"应用的账户参数

图23-12 设置获取计算机中的图片位置

5. 测试运行

按空格键就能开始进行人脸识别，我们进行两次测试。

第一次测试时，先将小梅手持牌对准摄像头，按一下空格键，就会弹出如图23-13所示的反馈信息窗口。

窗口左上方的小图是保存在计算机中的原图，窗口下方是摄像头获取的实时画面，窗口右上方为百度AI图像识别系统对比识别后的反馈信息，由于本次使用的是小梅手持牌，所以识别的相似度为95.42%。舞台上Mind+精灵说："你是小梅！"是相似度大于80%后的反馈。

第二次用小华手持牌来测试。测试后的反馈结果如图23-14所示，识别的相似度为37.42%，小于80%，所以Mind+精灵说："你不是小梅！请换人！"

图23-13　反馈信息窗口　　　　　图23-14　反馈信息窗口

两次测试，证明程序达到了设计要求。

23.3　深度探究——通过人脸识别确认是不是外人

本例要达到的效果是：在本地计算机中保存小梅和小华两张头像图片，当按下空格键，将小梅手持牌对准摄像头识别时，Mind+精灵说："你是小梅"；当用小华手持牌时，Mind+精灵说"你是小华"；而当用图23-15中的小菲手持牌时，Mind+精灵说："你是外人"。

本例的完整程序如图23-16所示。

程序只是在图23-10中的人脸识别程序上进行了修改。在条件判断语句程序结构"否则"执行框中镶嵌了一个条件判断语句结构。整个条件判断语句的功能是，当摄像头获取的是小华的头像时，Mind+精灵说："你是小华"；当获取的是小梅的头像时，Mind+精灵说："你是小梅"；当获取的不是这两人的头像时，Mind+精灵说："你是外人"。

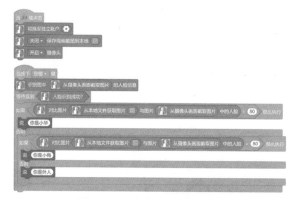

图23-15　小菲手持牌

图23-16　多人人脸识别程序

在修改程序时，要注意将两处语句块 对比图片 从本地文件获取图片 与图片 从摄像头画面截取图片 中的人脸 > 80 中的计算机中的图片地址设置正确，其他地方不需要重新设置。更多人的人脸识别程序可采用这种方式编写。

23.4　课后练习

前面的例子中，计算机中用来对比的原始人脸图片都是绘制的，其实也可以现场采集，并保存到计算机中。图23-17为采集图片程序及图片采集反馈窗口。

图23-17　采集图片程序及反馈窗口

程序中百度智能云账户信息一定要设置正确，截图保存到本地的功能要开启，保存图片到计算机中的地址也要设置好。

试试看，应用这个程序将自己的头像采集到计算机中的指定位置。

第24课 离线人脸识别

24.1 预备知识——认识二哈识图AI 视觉传感器

1. 二哈识图AI视觉传感器的构造及原理

图24-1为二哈识图AI视觉传感器，其AI芯片内置机器学习技术使其具有了人脸识别和物体识别等能力，目前有人脸识别、物体追踪、物体识别、巡线追踪、颜色识别、标签识别、物体分类7种功能。

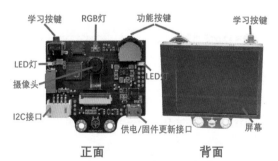

正面　　　　　　　　　背面

图24-1　二哈识图AI 视觉传感器

用二哈识图AI视觉传感器进行人脸识别不需要联网，自带处理器、存储器等硬件和算法，能离线进行人脸识别。识别前要进行机器学习，将要识别的人脸信息用摄像头采集、学习并保存到传感器中，然后才能识别，传感器会将识别时摄像头拍到的人脸与传感器中保存的人脸信息进行对比，然后给出对比结果。

二哈识图AI视觉传感器自带2.0英寸IPS显示屏，用于设置、调校参数和机器学习，不再需要计算机的辅助，调试、学习的过程和识别结果直接显示在屏幕上，所见即所得，非常方便。

2. 二哈识图AI视觉传感器与扩展板的连接

二哈识图AI视觉传感器板载I2C接口，有"+""-""R""T"4个引脚，其中"+""-"为供电输入引脚；"R"为RX数据接收引脚，用于接收指令；"T"为TX数据发送引脚。

扩展板上有两组I2C接线引脚，每组有4个引脚，分别为"+""-""C""D"，其中"+""-"用来给传感器输出供电；"C"为SCL时钟线引脚，"D"为SDA数据线引脚，它们都是双向的，用于数据的接收和发送。

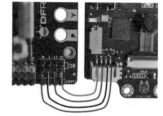

图24-2 二哈识图AI 视觉传感器与扩展板的连接

二哈识图AI视觉传感器与扩展板的连接示意图如图24-2所示，可用引脚没分开的4PIN线直接插接，只要注意红线与I2C接口的"+"引脚相接，其他3根线就自然能保证正确。

24.2 引导实践——人脸的学习与识别

1. 设置"人脸识别"功能

先通过USB接口给二哈识图AI视觉传感器供电，才能进行功能设置。

二哈识图AI视觉传感器的操作都是通过"功能按键"与"学习按键"实现的，所以先要熟悉如图24-3所示的"功能按键"与"学习按键"的基本操作：向左或向右拨动"功能按键"，可切换到不同的功能，短按"学习按键"，学习指定的物体；长按"学习按键"，从不同的角度和距离持续学习指定的物体；如果之前学习过二哈识图

AI视觉传感器，则短按"学习按键"，可让二哈识图AI视觉传感器忘记当前功能下所学的内容。

如图24-4所示，向左、向右拨动"功能按键"进入"人脸识别"功能。

图24-3　"功能按键"与"学习按键"的操作　　图24-4　用"功能按键"进入"人脸识别"功能

2. 侦测人脸

把二哈识图AI视觉传感器摄像头对准有人脸的区域，屏幕上会用白色框自动框选出检测到的所有人脸，如图24-5所示，并分别显示"人脸"字样。

此时将摄像头靠近其中一个人脸，若屏幕中央的"+"字在人脸框内，则如图24-6所示，另一面的RGB灯发蓝光，表示这是可学习的人脸。

图24-5　被检测到的人脸　　　　　图24-6　检测到可学习的人脸

3. 学习人脸

（1）学习单个人脸。

将二哈识图AI视觉传感器屏幕中央的"+"字对准需要学习的人脸，短按"学习按键"完成学习，并命名为"人脸：ID1"。

（2）识别人脸。

如图24-7所示，如果识别到刚学习过的人脸，则屏幕上会出现一个蓝色的框，并显示"人脸：ID1"，另一面的RGB灯发绿光。

（3）删除学过的人脸。

在人脸识别的功能下，如图24-8所示（装上了保护套的二哈识图AI视觉传感器），短按"学习按键"，屏幕显示"再按一次遗忘！"信息。在倒计时结束前，再次短按"学习按键"，即可删除上次学习的人脸。

图24-7 识别学习过的人脸   图24-8 删除学习过的人脸

（4）多角度学习人脸。

上面的操作只是让二哈识图AI视觉传感器学习了人脸的一个角度（正面），但实际上人脸是立体的，因此人脸有多个角度。如果人脸角度变化了，如正面换成侧面，那二哈识图AI视觉传感器不一定能识别出来。为解决这个问题，二哈识图AI视觉传感器内置了持续学习的功能，能录入各角度的人脸，让其越学越准确。

录入各角度人脸信息的操作方法为：将二哈识图AI视觉传感器屏幕中央的"+"字对准需要学习的人脸，长按"学习按键"不松开，此时屏幕上的人脸显示黄色框，并标识"人脸：ID1"，如图24-9所示，说明正在学习人脸。然后，将屏幕中央的黄色框依次对准同一个人脸的不同角度，如正脸、侧脸（也可以是同一个人的多张照片），录入各角度的人脸。学习过程中，RGB灯发黄光。

图24-9 多角度学习人脸

学习完成后，松开"学习按键"，结束学习。

（5）学习多个人脸。

①功能设置。二哈识图AI视觉传感器默认设置为学习并识别单个人脸。如要学习并识别多个人脸，则需要在人脸识别功能的二级菜单参数设置中打开"学习多个"选项。操作过程为：先向左拨动"功能按键"，至屏幕顶部显示"人脸识别"，长按"功能按键"，进入人脸识别功能的二级菜单参数设置界面。再向左或向右拨动"功能按键"，选择"学习多个"选项，如图24-10（a）所示。然后短按"功能按键"，接着向右拨动"功能按键"，打开"学习多个"的开关，即进度条颜色变蓝，进度条上的方块位于进度条的右边，如图24-10（b）所示。再短按"功能按键"，确认该参数。向左拨动"功能按键"，选择"保存并返回"选项，短按"功能按键"，屏幕显示"是否保存参数？"信息，默认选择"确认"选项，如图24-10（c）所示，此时短按"功能按键"，即可保存参数，并自动返回人脸识别模式。

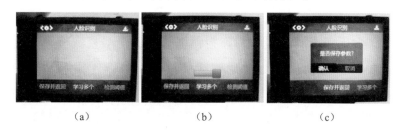

图24-10　学习多个人脸的功能设置步骤

②学习过程。将二哈识图AI视觉传感器屏幕中央的"+"字对准需要学习的人脸，短按"学习按键"完成第一个人脸的学习。松开"学习按键"后，屏幕显示："再按一次继续！按其他按键结束"信息，如图24-11（a）所示。如要继续学习下一个人脸，则在倒计时结束前短按"学习按键"，然后将二哈识图AI视觉传感器屏幕中央的"+"字对准需要学习的下一个人脸，长按"学习按键"完成第二个人脸的学习，如图24-11（b）所示。以此类推，完成第三个人脸的学习，如图24-11（c）所示。

二哈识图AI视觉传感器标注的人脸ID与录入人脸的先后顺序是一致的，学习过的人脸会按顺序依次标注为"人脸：ID1""人脸：ID2""人脸：ID3"，以此类推，并且不同的人脸ID对应的边框颜色也不同。

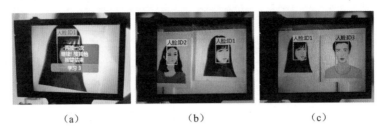

（a） （b） （c）

图24-11　学习多个人脸的功能设置步骤

24.3　深度探究——模拟人脸识别门禁系统

本例模拟的场景为家庭入户门采用人脸识别，就是当家庭三个成员到达入户门时，门自动打开；当外人来到门口时，门不开，并有提示警告。

人脸识别门禁系统具体的设计思路为：把二哈识图AI视觉传感器放在入户门口来侦测人脸，要提前学习、录入三个家庭成员的人脸信息。门用舵机来模拟，就是在舵角上贴上纸质门，舵角会从设定的0°旋转到90°，实现关门和开门的效果。当家庭成员在门口时，二哈识图AI视觉传感器会识别出是家庭成员，亮绿灯，舵角旋转到90°，显示欢迎语句，门打开，人进门，若侦测不到人脸了，门会关闭；当外人在门口时，二哈识图AI视觉传感器会识别不是学习过的家庭成员，红灯闪烁，并发出声音警报，文字信息同步提醒。

1.　电路连接

本例需要的主要硬件有掌控板、扩展板、二哈识图AI视觉传感器和DMS-MG90金属9g舵机等。

将掌控板插入扩展板，有显示屏的一面面向扩展板上有文字"掌控板"的这一边。如图24-12所示，用引脚没分开的4PIN线将二哈识图AI视觉传感器接在掌控板I2C接口引脚上，注意4PIN线的红线一定与I2C接口引脚上的

图24-12　人脸识别门禁系统的
电路连接

"+"相接,其他三根线会自动正确连接。舵机接在P1上,门用粘贴在舵角上的纸片代替。

2. 编写程序

在Mind+的"上传模式"下新建一个文件,将Mind+与掌控板连接好,先通过"扩展"按钮调出掌控板和扩展板控制语句,再通过"扩展"按钮选择"HUSKYLENS AI摄像头"模块,如图24-13所示。

这样就调出了如图24-14所示的二哈识图AI视觉传感器控制语句。

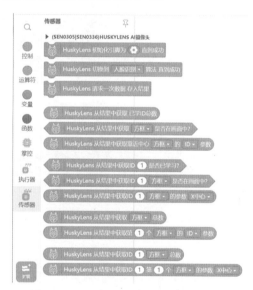

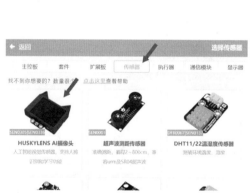

图24-13 选择"HUSKYLENS AI摄像头"模块　　　图24-14 二哈识图AI视觉传感器控制语句

图24-15为人脸识别门禁参考程序。

下面来分析程序。

第一句 ![HuskyLens 初始化引脚为 ⚙ 直到成功] 为初始化二哈识图AI视觉传感器,打开设置窗口,如图24-16所示,选择I2C,地址不做修改。注意二哈识图AI视觉传感器端需要在设置中调整"输出协议"与程序中一致(默认都是I2C),否则读不出数据。

第二句 ![HuskyLens 切换到 人脸识别 算法 直到成功] 为功能选择,如图24-17所示,可展开查看可选择的功能。本例中选择"人脸识别"选项。

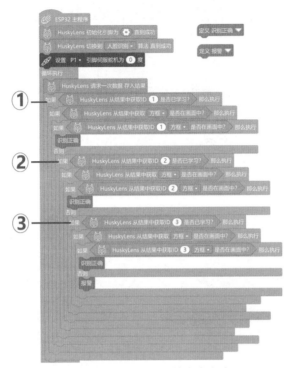

图24-15　人脸识别门禁参考程序

图24-16　二哈识图AI视觉传感器初始化设置窗口　　图24-17　二哈识图AI视觉传感器功能选择窗口

第三句是将舵机的舵角旋转到0°，即关门状态。

循环执行框中的语句由三个条件语句块嵌套（①、②、③）而成。

最内层的③也是由三条条件语句嵌套的，外层中的条件

HuskyLens 从结果中获取ID ③ 是否已学习? 用来判断成员3是否已学习，若已学习就要执行框中的语

句；中层中的条件  用来判断摄像头是否拍到人脸（即屏幕上是否有方框），若有人脸就执行框中的语句，内层为双分支条件语句，条件 `HuskyLens 从结果中获取ID 3 方框 是否在画面中?` 用来判断拍到的人脸是否是成员3，是则执行自定义函数 `识别正确`，即识别是家庭成员3后的反馈，LED灯发出绿光，掌控板显示屏显示"欢迎回家！"信息，入户门打开，进来后再关门，程序如图24-18所示。

若拍到的人脸不是家庭成员，则执行自定义函数 `报警`，即识别不是家庭成员后的反馈，显示屏显示"请联系主人！"信息，LED红灯闪烁，发出声音警报，如图24-19所示。

图24-18 识别是家庭成员3后的反馈　　　图24-19 识别不是家庭成员后的反馈

①、②、③三部分语句块嵌套的目的是：当拍到的人脸是家庭成员1时，执行 `识别正确`，若不是成员1，是成员2时，也执行 `识别正确`，若也不是成员2，是成员3时，还是执行 `识别正确`，若拍到的人脸不是家庭成员，则执行 `报警`。

3. 测试程序

先让二哈识图AI视觉传感器遗忘原有的人脸信息，再学习准备好的图24-20中的三个家庭成员的人脸信息，保证二哈识图AI视觉传感器中有这三个人的人脸信息。

图24-20 模拟的三个家庭成员

将程序上传到掌控板后，如图24-21所示，把二哈识图AI视觉传感器对准家庭成员1，识别出人脸信息后，掌控板发绿光，显示屏上显示"欢迎回家！"信息，舵机旋转到90°，表示门打开，2秒后舵机旋转到0°，门又关闭了。

如图24-22所示，把二哈识图AI视觉传感器对准非家庭成员，识别出人脸信息后，掌控板红灯闪烁，报警声响起，显示屏上显示"请联系主人！"信息。

图24-21　识别出家庭成员后的反馈　　　图24-22　识别不是家庭成员后的反馈

24.4　课后练习

前面我们用二哈识图AI视觉传感器学习了机器学习和人脸识别等方面的人工智能知识，人脸识别在生活中的应用很多，请你想想看，能否列举几个，看看用本节课的内容能否解决。

第**25**课 语音识别

学习目标

✳ 理解语音识别原理。

✳ 用I2C语音识别模块进行离线语音识别。

器材准备

掌控板2.0、USB数据线（Type-C接口）、带USB输出口的5V锂电池、扩展板、I2C语音识别模块、风扇模块、4PIN线。

25.1 预备知识——理解语音识别原理

1. 了解语音识别

语音识别技术就是让机器通过识别和理解过程，把语音信号转变为相应的文本或命令的技术。

语音识别的应用领域非常广泛，常见的应用有如下三种。

（1）语音输入。相对于键盘输入方法，更符合人们的日常习惯，也更自然、更高效。

（2）语音控制。即用语音控制设备的运行，相对于手动控制更快捷、方便，可以用在如语音拨号、声控智能玩具、智能家电、工业控制等许多领域。

（3）智能对话查询。根据客户的语音进行操作，为用户提供自然、友好的数据库检索服务，例如宾馆服务、订票系统、医疗服务、银行服务等。

语音识别方法主要是模式匹配法，包括特征提取、模式匹配、参考模式库等三个基本单元，语音识别系统的构建及识别过程如图25-1所示。

图中①为语音识别系统参考模式库的构建过程，未知语音经过麦克风变换成电信号后加载在识别系统的输入端，首先经过预处理，再根据人的语音特点建立语音模型，对输入的语音信号进行分析，并抽取所需的特征进行训练，建立语音识别系统所需的参考模式库。

图中②为语音识别过程，输入的语音经过预处理，系统会对输入的语音信号进行分析，抽取所需的特征，将计算机中存放的参考模式库与输入的语音信号的特征进行比较，找出与输入语音匹配的模板，给出计算机的识别结果。

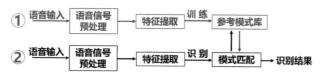

图25-1　语音识别系统的构建及识别过程

目前，有些互联网平台，如百度、科大讯飞等都有语音识别平台，建有不同特点的语音模式库，提供在线的语音识别功能服务。

市场上也有一些具有离线语音识别功能的产品，无须联网，就可进行简单的语音识别体验。

2. 认识I2C语音识别模块

DFRobot公司开发的如图25-2所示的I2C离线语音识别模块，是以I2C作为连接接口的、针对中文进行识别的模块。该模块无须机器学习，无须特定人语音，无须联网，随时随地都可以进行语音识别。该模块采用LD3320"语音识别"专用芯片，只需要在程序中设定好要识别的关键词语列表并下载到主控的MCU（微控制单元）中，语音识别模块就可以对用户说出的关键词语进行识别，并根据程序进行相应的处理，该模块识别准确率高达95%。

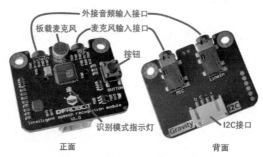

图25-2　I2C离线语音识别模块

该模块有三种语音输入方式，一是通过板载麦克风直接拾取用户语音，二是3.5mm麦克风接口可以接入外置麦克风，三是3.5mm音频输入接口可接入计算机或手机的音频输出接口。

25.2 引导实践——在线语音控制掌控板LED灯的亮和灭

本例实现的方法为：用掌控板2.0版自带的麦克风录制控制语音，通过WiFi将语音文件上传到讯飞开放平台进行语音识别，然后再将识别结果返回掌控板，通过不同的语音控制掌控板上LED灯的亮和灭。

1. 获取讯飞语音账号

打开讯飞开放平台（www.xfyun.cn），用手机注册一个账号，注册成功后返回，如图25-3所示，单击右上角"控制台"按钮。

进入如图25-4所示的"创建应用"界面。

图25-3 打开控制台

图25-4 创建新应用

单击"创建新应用"按钮，进入如图25-5所示的新应用设置界面，设置好"应用名称""应用分类"及"应用功能描述"，完成应用的创建后单击"提交"按钮。

如图25-6所示，在"我的应用"列表中可找到刚创建的应用。

图25-5　新应用创建设置

图25-6　应用创建成功

单击图25-6左上侧的"语音识别"按钮，可展开其菜单选项，如图25-7所示，单击"语音听写（流式版）"选项，可看到应用中"语音识别"的参数。

图25-7　应用中语音识别参数及其他信息

界面中间是讯飞平台提供的免费语音识别次数统计，每天的免费次数为500次。右上角的"服务接口认证信息"中APPID、APISecret、APIKey为掌控板与在讯飞平台创建的"语音识别"应用进行连接的桥梁，在后面的程序中会用到。

2. 编写程序

（1）编程准备。

只有2.0版本以上的掌控板才自带麦克风，才能进行在线语音识别实验，并且Mind+要使用V1.6.2RC2.0及以后的版本。在Mind+的"上传模式"下新建一个文件，将Mind+与掌控板连接好。先通过"扩展"按钮调出掌控模块及其控制语句，再通过"扩展"按钮从"网络服务"中调出"WiFi"模块及控制语句，最后通过"扩展"按钮调出"用户库"界面，如图25-8所示，搜索"语音识别"，选择"掌控板WiFi语音识别"模块。

图25-8 在用户库中搜索"掌控板WiFi语音识别"模块

Mind+从V1.6.2版本开始开放用户库，任何用户均可以制作和分享自己的用户库，并提供本地及网络加载方式，方便大家使用。

选择"掌控板WiFi语音识别"模块后，如图25-9所示，在模块区就有了语音识别的控制语句。

通过"掌控板WiFi语音识别"模块中的 切换为讯飞语音独立账号 APPID ● APISecret ● APIKey ● 语句，可以填写自己在讯飞语音上创建的语音识别连接地址信息，从而使用自己创建的语音识别功能。可能有些Mind+版本加载的模块没有更新，缺少这一条语句，默认连接的是公用讯飞语音账号，每天连接的上限是500次，一般不容易连上。如果没有这一条语句，可以在"用户库"中删除此模块后，再通过搜索"语音识别"，找到更新后的模块，就能找到使用自己讯飞语音账号的语句。

图25-9 "掌控板WiFi语音识别"模块及控制语句

（2）编写的程序。

编写的在线语音控制掌控板上LED灯亮和灭的参考程序如图25-10所示。

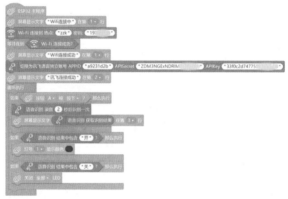

图25-10 在线语音控制掌控板LED灯亮、灭的参考程序

程序循环执行框上面的语句的作用为WiFi连接，以及自己在讯飞语音上创建的语音识别独立账号的连接。WiFi要连接2.4G的WiFi，用户名和密码要正确；语音识别中的APPID、APISecret、APIKey就是图25-7中的账号信息，复制、粘贴到对应处即可。

循环执行框中有三条单分支结构的条件语句，第一条为语音识别，当按下按钮A时可对着掌控板上的麦克风说话，时长最多只有4秒，程序中设置为2秒，可说2或3个字，说完后程序会将语音文件上传到讯飞语音，识别后将结果传回，在掌控板上显示；第二条为条件判断语句，当语音中有关键字"开"时，掌控板中间的LED灯发出蓝光；第三条语句的作用是，当语音中有关键字"关"时，掌控板上所有的LED灯不亮。

3. 程序测试

将编写的程序上传后，等待掌控板显示屏上显示"讯飞连接成功"信息后，按住掌控板上的按钮A，对着麦克风说"开灯"，如图25-11（a）所示，当显示"开灯"信息时，表示识别正确，LED灯发出蓝光；再按住按钮A，对着麦克风说"关灯"，当显示"关灯"信息时，如图25-11（b）所示，LED灯熄灭，表示语音识别也正确。

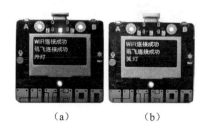

（a）　　　　　　（b）

图25-11　掌控板在线语音识别的反馈

讯飞平台进行语音识别需要一定的时间，请耐心等待，并且识别的准确率受多种因素影响，如发音、网络、环境噪声等。

25.3　深度探究——离线语音调挡风扇

前面的在线语音识别功能需要网络、平台的支持，有时不是很方便。使用DFRobot公司开发的I2C离线语音识别模块可以完成无需网络和平台的语音识别。

本例我们用I2C离线语音识别模块做一个用语音控制的调挡风扇，需达到的要求是：说"慢速"时，风扇转动；说"快速"时，风扇转动加快；说"停止"时，风扇不转。

1.　电路连接

本例需要的主要硬件有掌控板、扩展板、I2C离线语音识别模块、风扇模块、5V锂电池等。

将掌控板插入扩展板，有显示屏的一面面向扩展板上有文字"掌控板"的这一边。如图25-12所示，用引脚没分开的4PIN线将I2C离线语音识别模块接在掌控板I2C接口引脚上，注意4PIN线的红线一定与I2C接口引脚上的"＋"相接，其他三根线则会自动正确连接，将风扇接在电动机驱动的M1上。

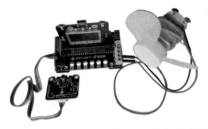

图25-12　离线语音调挡风扇的电路连接

2. 编写程序

（1）编程准备。

在Mind+的"上传模式"下新建一个文件，将Mind+与掌控板连接好。先通过"扩展"按钮调出掌控板和扩展板控制语句，再通过"扩展"按钮选择"传感器"中的语音识别模块，也可选择"用户库"中的I2C语音识别模块（上例中已搜索出来了），调出控制语句，如图25-13所示。

这样就调出了如图25-14所示的I2C离线语音识别模块的控制语句。

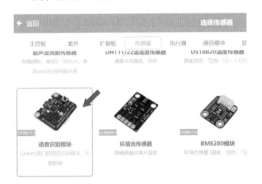

图25-13　选择"语音识别模块"模块　　　　图25-14　I2C离线语音识别模块的控制语句

（2）编写的程序。

图25-15为编写好的离线语音调挡风扇的参考程序。

下面来分析程序。

循环执行框上面的程序块为语音识别设置，第一句 🎤 语音识别模块 初始化 识别模式为 循环模式 麦克风模式为 默认 为录音方式设置，识别方式有三种，分别为循环模式、按钮模式、指令模式。

设为循环模式后，识别模式指示灯常亮蓝灯，此时模块一直处于拾音状态，不停地拾取环境中的声音进行分析识别。当识别到录入的关键词后，指示灯会闪烁一次，提示已准确识别。同一时间只能识别一条关键词，待指示灯闪烁后方可进行下次识别。

设为按钮模式后，识别模式指示灯常灭，此时模块处于休眠状态，在模块上的按钮被按下时会激活模块，指示灯常亮绿灯，识别到录入的关键词后，指示灯会闪烁一次，提示已准确识别。

设为指令模式后，识别模式指示灯常灭，此时模块处于休眠状态，在说出唤醒关键词后激活模块，指示灯常亮白灯，识别到录入的关键词后，指示灯会闪烁一次，提示已准确识别。唤醒时长为10秒，如果10秒内没有识别成功，则模块会再次进入休眠状态。

图25-15 离线语音调挡风扇的参考程序

麦克风默认为板载麦克风，当3.5mm MIC接口接入麦克风后，则自动屏蔽板载麦克风。若外接音频，要把设置改为"外部音频"。

第2～4句为添加关键词语句。I2C离线语音识别模块识别方式是近似识别，先要录入词条，即关键词，识别是将麦克风采集到的声音与录入的词条做对比，相似度高就认为是相同。语音识别识别的是语音，所以模块中文识别是用拼音来描述关键词语的，并同时设置一个ID，用来代表这个关键字，识别时也是把关键词的ID作为结果输出。

程序中，我们将三个关键词"快""慢""停"都用拼音表示，并分别将ID编号为"2""1""0"。关键词也可以是2字、3字词等。

关键词添加完成后，一定要使用第5句  语音完成 开始识别 语句来激活语音识别模块，激活之后才能正常进行语音识别。

循环执行框中的语句由并列的三条单分支结构条件语句组成，就是识别后，根据识别结果，即不同的编号设置不同的风扇转速，并且在掌控板显示屏上显示不同的挡位。

3. 测试程序

先将程序上传到掌控板后，给掌控板外接5V电源，如图25-16所示，掌控板显示屏显示"风扇停止"信息，语音识别模块上识别模式指示灯发蓝光。

对着语音识别模块麦克风说"慢"，识别模式指示灯会闪一下，表示识别成功，如图25-17所示，风扇转动，显示屏上显示"1挡转动"。

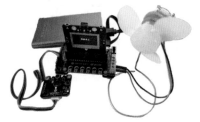

图25-16　离线语音调挡风扇处于停止状态　　　　图25-17　离线调挡风扇处于"1挡转动"状态

再对着语音识别模块麦克风说"快"，识别模式指示灯又会闪一下，表示识别成功，风扇会转得快一些，显示屏上显示"2挡转动"。

最后对着语音识别模块麦克风说"停"，风扇会停止转动，显示屏上显示"风扇停止"。

25.4　课后练习

上面的离线语音调挡风扇中，我们使用的语音录制方式是循环模式，语音识别模块始终处于拾音状态。而采用指令模式时，只有在识别到指令时才开启拾音状态，其他时间都处于休眠状态。请你将上面的离线语音调挡风扇改为通过指令启动拾音。

第26课 综合创意设计三 班级健康小卫士

学习目标
* 体验创意作品的设计过程。
* 学习用创意作品解决实际问题的方法。

器材准备
掌控板2.0、USB数据线（Type-C接口）、带USB输出口的5V锂电池、扩展板、二哈识图（HuskyLens）AI 视觉传感器、I2C语音识别模块、I2C语音合成模块、I2C空气质量监测传感器、非接触式红外温度传感器、URM10超声波测距传感器、I2C分线模块、4PIN线、杜邦线。

26.1 预备知识——器材介绍

1. 语音合成和语音合成模块

语音合成又称为文语转换（Text to Speech）技术，是利用计算机和一些专门装置模拟人造语音的技术，能将任意文字信息实时转化为标准流畅的语音朗读出来，相当于给机器装上了人工嘴巴。

图26-1中的中英文语音合成模块采用I2C和UART两种通信方式，支持掌控板等绝大部分主控板，自带喇叭，能用于机器人语音播报、语音提示、文本阅读等场景，与语音识别模块结合还可实现语音对话。

2. 空气质量传感器

图26-2中的CCS811空气质量传感器能够测量eCO$_2$（equivalent CO$_2$）和TVOC（Total Volatile Organic Compounds）的浓度，可用于空气质量监测，如空气质量检测、

空气净化器、新风系统等。一般当CO_2的浓度达到$1500×10^{-6}$时，人就会感到困倦。传感器内部集成ADC和MCU，可以对数据进行采集、计算，并且通过I2C返回数据。

3. 非接触式红外温度传感器

图26-3为非接触式红外温度传感器，测温时不与被测物体接触，根据被测物体的红外辐射能量来确定物体的温度，不影响被测物体温度场，具有温度分辨率高、响应速度快、稳定性好等特点。近年来，非接触红外测温在医疗、环境监测、家庭自动化、汽车电子、航空和军事上得到越来越广泛的应用。图26-3中的红外温度传感器采用的芯片为MLX90614-DCI，视角为5°，可用于测量较远距离物体的温度。

4. I2C分线模块

图26-4中的I2C分线模块可以扩展I2C接口，解决设备接线时扩展板的I2C接口不够用的情况。图26-4中的I2C分线模块可以扩展出8个I2C接口（SCL、SDA）。

图26-1 中英文语音 　图26-2 CCS811空气 　图26-3 非接触式红外 　图26-4 I2C分线
合成模块 　　　　　质量传感器 　　　　温度传感器 　　　　　模块

26.2 引导实践——设计班级健康小卫士

1. 设计思路

在学校里，我们每天都要进行体温检测并上报，教室里的光线强弱、气温高低、空气质量等环境因素都影响着同学们的身体健康，只有把每一个影响因素都控制好，学生们才能正常地学习和健康地成长。要做好这些工作，会给老师带来极大的负担。

根据前面学到的知识，我们可以设计一个班级健康小卫士，用于班级环境监测、警示、上报等工作，从而减轻老师的负担，将更多精力和时间用于教学。

　　班级健康小卫士要达到的具体功能是：小卫士放在教室门口，同学要进门时，通过人脸识别识别是谁，非接触式测出体温，并上传到网络，若体温过高，有语音提醒，可以与小卫士交流，问自己的体温，小卫士能回答；放在教室里，能实时监测室内温度、光线强弱、空气质量，任何一项不在标准规范内时会语音提示，并给出改进方式，提醒开灯、开窗等。

2.　电路连接

　　本例中应用到的元器件较多，主要硬件有掌控板、板载光线传感器、扩展板、二哈识图AI视觉传感器、I2C离线语音识别模块、I2C语音合成模块、I2C空气质量监测传感器、非接触式红外温度传感器、URM10超声波测距传感器等。由于扩展板上只有两个I2C接口，而这里有5个设备需接入I2C接口，所以需要用I2C分线模块进行I2C接口扩展。

　　图26-5为电路连接示意图，将I2C分线模块接在扩展板I2C接口上，二哈识图AI视觉传感器、语音识别模块、语音合成模块、空气质量监测传感器、红外温度传感器接在I2C分线模块上，注意在语音合成模块上将接线选择按钮拨到I2C这边。超声波测距传感器直接接在扩展板上，注意将ECHO接在P9引脚上，TRIG接在P8引脚上。

　　实物连接时，先将掌控板插入扩展板，有显示屏的一面面向扩展板上有文字"掌控板"的一边，再用4PIN线将I2C分线模块与扩展板上的I2C接口连接，注意4PIN线的红线一定与I2C接口引脚的"+"相接。

　　用两端都没分开的4PIN线将视觉传感器、语音识别模块、语音合成模块、空气质量监测传感器分别插接在I2C分线模块上，注意4PIN线的红线一定与I2C分线模块上的红色引脚"+"相接，其他三根线会自动正确连接。红外温度传感器用母对母线也接在I2C分线模块。超声波测距传感器要用一端分开的4PIN线连接在扩展板上，注意ECHO和TRIG要正确连接。

　　图26-6为实物电路连接，给二哈识图AI视觉传感器戴上了保护硅胶保护套。

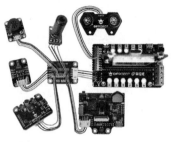

图26-5　电路连接示意图

图26-6　实物电路连接

3.　编写程序

（1）编程准备。

在Mind+的"上传模式"下新建一个文件，将Mind+与掌控板连接好。先通过"扩展"按钮调出掌控板和扩展板控制语句，再通过"扩展"按钮调出"传感器"中的超声波测距传感器、HUSKYLENS AI摄像头、非接触式红外温度传感器、语音识别模块控制语句，接着通过"扩展"按钮调出"网络服务"中的MQTT和WiFi控制语句，最后通过"扩展"按钮在"用户库"中搜索"空气质量传感器"，如图26-7所示，还要选择"语音识别模块""语音合成模块"（前面的课程中搜索过）选项，也可通过"扩展"按钮调出"传感器"中的I2C语音识别模块和"执行器"中的语音合成模块的控制语句。

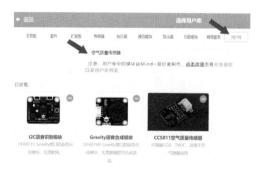

图26-7　搜索和选择"空气质量传感器"模块

这样就调出了如图26-8所示的"语音合成模块"和"空气质量传感器"模块控制语句。

图26-8 "语音合成模块"和"空气质量传感器"模块控制语句

（2）编写程序。

图26-9为编写的班级健康小卫士的参考程序。

图26-9 班级健康小卫士参考程序

由于整个程序语句较多，我们定义了6个函数来缩短程序结构。下面从上至下分析程序。

函数█用来连接WiFi和MQTT，展开定义的程序块，如图26-10所示，连接成功后会在掌控板显示屏上显示"欢迎使用健康小卫士！"信息。

其中的WiFi热点一定要保证能联网，用户名和密码要填写正确。在设置MQTT参数前，先要在自己已注册账号的Easy IoT上（iot.dfrobot.com.cn）新建一个项目，如图26-11所示，将Iot_id、Iot_pwd、Topic三个参数复制、粘贴到程序相应处。

图26-10　函数"网络"模块中的程序　　　　图26-11　MQTT参数设置

█下面的、循环执行框上面的语句为几个元器件的初始化设置。第一个为空气质量传感器初始化设置，其中的时间为间隔获取时间，可修改，后面的基数要在纯净的空间内多次测试获得，可不修改。第二个为语音合成模块初始化设置，可修改音量、选择发音人等。第三个为语音识别模块初始化及关键词语设置，我们设了两条词语"我的体温""今天的气温"，用拼音表示，分别编号为1、2。第四个为视觉传感器初始化设置，选择的功能为"人脸识别"。

循环执行框中的前三条语句给新建的3个变量判断号、距离、体温赋值，体温的设置是根据多次应用红外温度传感器测量后得出的算法，因为传感器感知的温度与距离有很大的关系。

后面的为5个并列的条件语句█学生1、█学生2、█气温、█空气质量、█光线，全部是以函数定义的形式构建。

本例中，我们设置的是班上只有两位同学，分别是小华和小梅，展开函数"学生1"

模块中的程序，如图26-12所示。

　　程序的功能是：小华走到教室门口，被HUSKYLENS AI摄像头识别，掌控板上LED灯发出蓝光，显示屏上显示小华的实时体温，并上传到Easy IoT上创建的"健康小卫士"项目中。如果这时小华说"我的体温"，则语音合成模块会回答出体温值，如果体温等于或高于37.3℃，则会语音提示到医务室就诊。

　　函数"学生2"和函数"学生1"的程序大致相同，不同的是将人脸ID号和语音识别判断号都改为2，"小华"改为"小梅"。

　　展开函数"气温"模块中的程序，如图26-13所示，程序的功能是：当任何学生开口问"今天的气温"，掌控板上的LED灯发出黄光，显示屏上显示教室里的实时温度，并且语音合成模块会回答气温值。

图26-12　函数"学生1"模块中的程序　　　　图26-13　函数"气温"模块中的程序

　　展开函数"空气质量"模块中的程序，如图26-14所示，程序的功能是：如果教室里CO_2的值大于1500×10^{-6}，即空气污染严重，这时显示屏上显示教室里实时的CO_2的值，并且语音合成模块会报出教室里实时的CO_2的值，提醒开窗。

　　展开函数"光线"模块中的程序，如图26-15所示，程序的功能是：如果教室里光线强度值小于300，即教室里较暗，显示屏上显示"请开灯"信息，并且语音合成模块同步提示。如果教室光线强，LED灯发出绿光，显示屏显示"好好学习"信息。

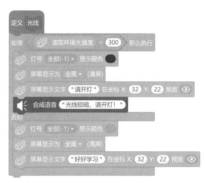

图26-14　函数"空气质量"模块中的程序　　　　图26-15　函数"光线"模块中的程序

4. 测试程序

测试前先要用二哈识图AI视觉传感器获取班级学生小华和小梅的人脸信息，如图26-16所示，名称分别为ID1、ID2。

将程序上传到掌控板后，脱离计算机，给掌控板外接5V电源，如图26-17所示，将二哈识图AI视觉传感器、红外温度传感器、超声波测距传感器朝向同一方向，用于检测人脸并测温，当网络连接好后，掌控板显示屏上显示"好好学习"信息后就可开始测试。用手持人像牌代替学生，按功能设计进行模拟测试，每一项都要测到，看程序是否达到要求，参数设计是否完美。根据测试情况不断修正程序，使其更加完善。

图26-16　获取的班级学生人脸信息

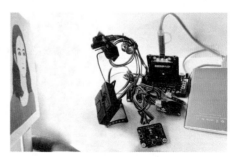

图26-17　测试场景

26.3　课后练习

　　掌控板自带麦克风，能感知声音的强弱。请你给班级健康小卫士增加声音报警功能，当声音强度太大时，提醒保持安静。这样，班级健康小卫士又具有了学生自习监督岗的功能。

27.1　预备知识——创客作品制作器材介绍

1. 创客作品制作板材的特点

创客作品模型一般用于功能演示，常用纸板、木板、亚克力板等材料来制作。

（1）纸板。

一般把200 g/m² 以上规格的纸称为纸板，常用于商品包装。纸板的特点是硬度高，强度适中，易于加工。纸板的类型很多，其中常用的是瓦楞纸板。瓦楞纸硬度比纸张好，比木质材料轻，用美工刀就可以完成切割，价格又较低，所以，我们常用瓦楞纸板来制作作品。

（2）木板。

木板与纸板相比，结构更坚固，可以承受较大的作用力。但木质材料的加工技术要求比纸板高；简单的木材加工用传统的锯子即可完成；而对于复杂一些的制作，需要将图纸上的设计转印到木板上，并用台锯切割，用铣床挖槽打孔，这些操作都有一定的专业性和危险性，需要在老师指导下进行。现在，激光切割机的大规模推广使用，降低了木板加工的技术门槛，我们只需在计算机上进行图纸绘制，剩下的工作就可以交给激光切割机去完成。

（3）亚克力。

亚克力又称为有机玻璃，是聚甲基丙烯酸甲酯（PMMA）的商品名称。亚克力是一种重要的高分子材料，在创客作品制作中常用来代替玻璃。与玻璃相比，亚克力板具有透光率高、轻盈、机械强度高、易于加工等优点。一般用台锯或激光切割机来切割亚克力板。

2.　创客作品制作工具的选用

常用的创客作品制作工具有美工刀、直尺、剪刀等，精密的制作工具有台锯、激光雕刻机等，还需热熔胶枪、锉刀等辅助工具。

（1）美工刀。

美工刀俗称刻刀或壁纸刀，由刀柄和刀片两部分组成，为抽拉式结构。美工刀刀片为斜口，通常只使用刀尖部分，用钝之后可顺刀片的划线折断，会出现新的刀锋，方便使用。如图27-1所示，美工刀一般和直尺、剪刀配套使用，用于纸板的切割、雕饰、打点。

（2）微型台锯。

创客用的桌面型微型台锯如图27-2所示，主要由工作台面、横档尺、挡板、主锯、软轴等组成。台锯主要用于板材的切割、打磨、雕刻、钻孔等，需外接220V电源，操作时在台面上推动板材进行切割，所以墨线要事先画在板材上。用台锯切割出的作品模块比美工刀规则整齐，并且对木板、亚克力这些比纸板硬的板材，只能使用台锯来切割。

图27-1　美工刀、直尺、剪刀等工具　　　　图27-2　桌面型微型台锯

使用台锯时，要注意安全，一定要在老师的现场指导下进行。

（3）激光切割机。

要制作更精致的创客作品，就要用到如图27-3所示的小型激光切割机。激光切割机的基本原理是利用高功率密度的激光束照射被切割材料，材料受到辐射后快速升温，使材料受热熔化或汽化。使用激光切割机前要先在计算机上设计出切割的图形，图形以线条方式呈现，线形、长短都要精确，还要根据不同的板材及厚度确定切割时激光的强度。激光切割机也可通过调整激光强度在板材上雕刻图形。

应用激光切割机制作模型时要更加注意安全，一定要在老师的现场指导下进行。

（4）热熔胶枪。

创客作品制作中用到的热熔胶枪如图27-4所示，主要用于作品模块的组装。使用方法是通过热熔胶枪将胶棒加热熔化后打在需要黏合固定的地方，快速固化后起固定作用。纸板、木板、亚克力板等板材都可应用热熔胶枪来黏合。

图27-3　激光切割机

图27-4　热熔胶枪和胶棒

27.2　引导实践——制作班级健康小卫士模型

编写的程序经与电子硬件配合调试，达到设计的功能要求后，就要进行作品的结构设计，做出实物模型，将各元器件固定到模型中规定的地方，展示出能达到设计要求的效果。第26课，我们编写了班级健康小卫士程序，并进行了测试，图26-6是连好线的班级健康小卫士。本节课，我们要用结构件材料做一个模型，将班级健康小卫士中的每个元器件固定好，并能正常演示所有设计的功能。

1. 分解模块

健康小卫士模型由多少个模块组成，怎么连接，每一个模块的长、宽、高是多少，这些问题都要想到。图27-5所示为健康小卫士的三维基本结构。

2. 设计外观

设计时，我们拟借鉴机器人外观，因为机器人具有现代气息，深受同学们喜爱。本例中设计的健康小卫士模型平面外观如图27-6所示。

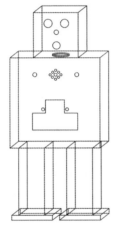

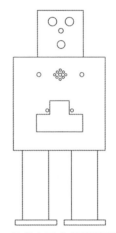

图27-5　健康小卫士三维基本结构　　图27-6　健康小卫士模型平面外观

小卫士头部从上至下拟放置URM10超声波测距传感器、非接触式红外温度传感器、二哈识图AI视觉传感器。上身拟放置I2C空气质量监测传感器、I2C语音合成模块、I2C语音识别模块、掌控板及扩展板、5V锂电池等。

图27-7是健康小卫士头部和上身前面板的详细设计图纸，标示了各部分长度数据。

小卫士头部整体为边长9cm的立方体，前面板的孔用来放置3个元器件，下面板挖个大孔，用来放置线路。

上身是长方体，高度设为11cm，前面板的孔用来放置4个元器件，上面板挖个大孔，用来放置与头部元器件连接的线路。

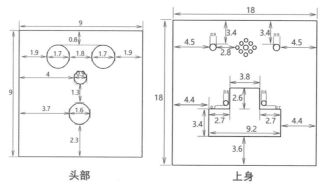

图27-7　头部和上身前面板设计图纸（单位：cm）

腿部设计为高度13cm、宽度5cm的长方体，脚是边长7cm的立方体，高度为板材厚度。

3. 制作模块

（1）选择板材和工具。

选择板材要考虑创客作品的特点和实际条件，一般要做到价格合理、牢固、实用。本例中的小卫士要做得牢固，又要考虑成本，所以我们选择木板。如图27-8所示，我们选择的车体板材是厚度为0.4cm的椴木层板，这也是各种创客比赛所提供的占比最大的耗材，椴木层板具有价格低、软硬适中、不伤人等特点。

切割椴木层板一般用微型台锯，然后用热熔胶枪做造型。也可用美工刀和直尺来划割，但要掌握好力度，注意安全。

（2）绘制墨线。

先绘制头部前面板，在椴木层板上找到合适的地方，为了节省材料，我们从板子的边缘开始，应用直尺和笔严格按设计的尺寸画好墨线，如图27-9所示。

图27-8　椴木层板

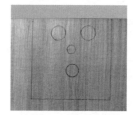

图27-9　头部前面板墨线

与绘制头部前面板墨线一样，将其他模块的墨线画好。

（3）切割模块。

墨线画好后，就可用微型台锯开始切割，把需要的模块切割出来。切割的过程中要注意安全，学生不能单独操作微型台锯，一定要在老师的指导下，按使用规则进行切割。前面板上的几个孔不能用台锯切割，要用台锯上的软轴钻来钻，然后打磨。

4. 组装测试

所有模块切割完成后进行组装，如图27-10所示，用热熔胶枪将其固定好。

完成好的造型及前面板各孔要安装的元器件如图27-11所示，头部上面板不要封死，可打开，以便安装元器件、调试功能，同样上身右侧面板也不封死，最好做成方便插入的结构。

图27-10 用热熔胶枪造型

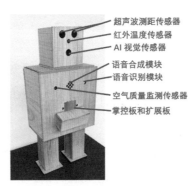

超声波测距传感器
红外温度传感器
AI视觉传感器
语音合成模块
语音识别模块
空气质量监测传感器
掌控板和扩展板

图27-11 健康小卫士造型

将连好线的电子元器件放入头部和上身部，如图27-12所示，按设计好的位置将各元器件安装到位。

头部中，直接将超声波测距传感器、非接触式红外温度传感器插入相应的孔中，二哈识图AI视觉传感器要用透明胶带贴在板上，保证摄像头中心在孔的中心。

上身中，将I2C语音合成模块用透明胶带贴在板上莲花孔处，保证扬声器与孔对齐。I2C空气质量监测传感器和I2C语音识别模块分列两边，也要保证麦克风、空气识别块在各自的孔中心。掌控板及扩展板插入相应孔处，为了外观更美观，我们另外设计了一个盒子将扩展板进行遮挡，如图27-11所示。5V锂电池和I2C分线模块接好线后直接放在底板上就行了。

头部 上身

图27-12 元器件归位

组装好后，可通电进行测试。将5V锂电池开关打开后，如图27-13所示， LED灯亮，显示屏显示"好好学习"信息，就表示网络连接成功，健康小卫士进入正常工作状态。

测试过程与第26课方式相同，检测空气质量时，可用口对准空气质量传感器呼气来测试，检测光线强弱时，可用纸片遮挡掌控板上的光线传感器来测试。

5. 美化装饰

组装测试成功后，可以进行简单的装饰来美化模型。先用砂纸或锉刀将边角、切口磨光滑，之后可以根据自己的条件，或贴纸、或油漆、或涂抹，给小卫士上色。如图27-14所示，我们给健康小卫士涂上了绿色的颜料，是不是更美？

图27-13 工作状态 图27-14 涂上颜料的小卫士

27.3 课后练习

应用微型台锯切割板材可能误差较大，而用激光切割机切割，可以更精准。如果条件允许，在老师的帮助下，用激光切割机切割木板或亚克力板来制作健康小卫士模型。

第28课 赛场竞技

学习目标
* 知道参加创客竞赛活动的一般程序。
* 会制作作品参加创客竞赛活动。

28.1 预备知识——创客竞赛活动介绍

通过不断学习和思索，可能你已经想创作自己的作品，从而解决日常生活中的一些问题。这，就是我们学习的初衷。你可以拿创作的作品去参加创客竞赛，获奖不是目的，而参赛，一方面是对学习效果的检验，另一方面可以与其他参赛者合作、交流，从而促进制作技能和创新能力的提升。

现在创客竞赛活动很多，鱼目混珠，有的以收取参赛费为目的，有的以博取知名度为目的，有的以卖产品为目的。所以，对各种创客竞赛活动，我们需要甄别，选择正规部门举办的竞赛活动。当前，教育部发布的面向中小学生的竞赛活动中，有创客项目的是全国中小学信息技术创新与实践大赛、宋庆龄少年儿童发明奖等一些活动，其中比较权威的、认可度较高的创客竞赛活动是全国青少年科技创新大赛和全国学生信息素养提升实践活动（原全国中小学计算机制作活动）。这两个大赛每年都举办，以激发学生的创新精神、培养其实践能力为目的。

1. 全国青少年科技创新大赛

全国青少年科技创新大赛是由中国科协、教育部、科技部等9个部门共同主办的一项全国性的青少年科技竞赛活动。大赛具有广泛的活动基础，从基层学校到全国大赛，每年约有1000万名青少年参加不同层次的活动。经过选拔，500多名青少年科技爱好者相聚一起进行竞赛、展示和交流活动。

中小学生的创客作品可以参加全国青少年科技创新大赛"青少年科技创新成果

竞赛"项目的活动。这个活动是自下而上的，只需将作品由各市上报到省（市、自治区）参加选拔赛，各省（市、自治区）选出优秀作品或项目参加国家级竞赛活动，不需现场创意制作，只是展示、交流自己的作品，由组委会评出各等级奖项。

2. 全国学生信息素养提升实践活动

一年一度的全国学生信息素养提升实践活动由教育部教育技术与资源发展中心（中央电化教育馆）主办，是面向中小学生的全国性竞赛交流活动，规模大、规格高、参与人数多。全国学生信息素养提升实践活动的主题是"探索与创新"，即鼓励广大中小学生结合学习与实践活动及生活实际，积极探索、勇于创新，运用信息技术手段设计、创作创客作品，培养"发现问题、分析问题和解决问题"的能力。全国学生信息素养提升实践活动紧跟时代步伐，近几年先后设立了创意智造、3D创意设计等创客类项目，2020年又设立了人工智能项目，给小小创客们提供的展示交流、合作分享、共享提升的平台越来越大。

全国学生信息素养提升实践活动已举办了二十二届，形成了一套较为固定的活动程序和机制。如果你能完整地参与这个活动，那再参与其他活动就会轻车熟路。所以，本节课就以全国学生信息素养提升实践活动科创实践类中的创意智造项目为例来分享和交流参赛"秘笈"。

28.2 教学实践——创客竞赛流程

1. 明白参赛流程

全国学生信息素养提升实践活动规模大，参与的学生众多，但能参加全国现场交流活动的人数很少，如创意智造项目现在每个省级组织的每个组别（分为小学、初中、高中）只有两支队伍的名额。所以，选手只有过五关斩六将才能参加全国活动。

全国学生信息素养提升实践活动也是自下而上的竞赛活动，一般从县级开始，逐层举办。全国学生信息素养提升实践活动参赛流程如图28-1所示。

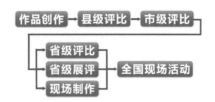

图28-1 全国学生信息素养提升实践活动参赛流程

从图28-1中可看出，只有经过层层选拔才能参加国家级活动。其中在省级竞赛阶段，由于各省（市、自治区）的条件不同，可能采用不同的方式。有些省（市、自治区）对地、市上报的作品直接评比，优秀选手上报参加全国竞赛；有些省（市、自治区）组织地、市作品制作人集中到现场展示自己的作品，从中选拔两支队伍上报参加全国交流活动；更多的省（市、自治区）会参照全国竞赛的模式，集中组织地、市优秀选手现场命题进行制作，再展示交流，选出两支队伍参加全国竞赛交流。有些创客教育开展得好的地、市，已经在实行现场制作的方式选拔参加省级竞赛交流活动的选手。

2. 准备作品

好的创意作品是参赛的敲门砖，只有出类拔萃，才能走得更远。

全国学生信息素养提升实践活动指南指出：创客项目是参与者在计算机辅助下进行设计和创作，可使用各类计算机三维设计软件、3D 打印、激光切割等，结合开源硬件，制作体现创客文化和多学科综合应用的作品，并进行交流展示。项目旨在锻炼学生观察生活和解决问题的能力，突出创新、创意和动手实践。通过合理的结构设计、科学的元器件使用、恰当的技术运用、有效的功能实现，完成作品创作，如趣味电子装置、互动多媒体、智能机器等。

（1）创意独特，有实用价值。

创意要有新意，要用新奇的视角、独特的方式解决常规应用。例如，现在垃圾分类、废品回收是社会热点，于是，大家都在制作垃圾回收箱，但大多功能相近，无新意，这样的作品不会走得远。我们换个思路，想到回收废旧电池和街上的自动售货机，设计制作一个智能废旧电池有偿回收箱，如图28-2所示，实现的功能为：当投入回收箱电池达到5个时，就能吐出一个新电池，箱上有投入电池个数显示，还能将投入的电池总数及新电池数通过物联网实时发送到管理员手机上。这样的创意，做到了独特、有新意，会在各级评比中脱颖而出。

创意一定要到互联网上进行查新、查重，即查一查有没有相同的创意，人家是否已经做出来了。

（2）制作精良，有工匠素质。

创意作品的结构造型是作品的外在表现，结构要设计合理，具有新意，具有美感，并能将美学与实用性相结合。外观、封装及整体的牢固程度，是制作者在技术上是否精益求精的体现，也是评审专家关注的重点。图28-3就是应用椴木层板、采用激光切割方式制作的《防疫机器人》在全省现场展示交流时的情景，不仅获得了评审专家的好评，也得到了大多数参与选手的赞誉，作品成功晋级全国活动。

图28-2　智能废旧电池有偿回收箱　　图28-3　《防疫机器人》参加省级展示交流活动

上交评比的作品一定要选用比较牢固的木板、亚克力等材料，使用台锯或者激光切割机来制作，对于异形的零件最好用3D打印来造型。

（3）文档齐全，能一目了然。

上交创客作品参加比赛，要求提供作品的演示视频、制作说明文档、硬件器材清单、软件源代码等文档，全部文件大小建议不超过100MB。

演示视频格式最好为MP4，不要超过5分钟。大部分地区的评比不要求提交作品实物，评审专家通过看演示视频来了解作品整体，因此视频一定要说明创意的独特性、功能的实用性、外观的艺术性、程序的先进性等。视频解说词要提前准备，录制时要做到画面构图以作品为主，清晰、稳定，配音大小适中，无噪声。

制作说明文档包括作品的功能、创意缘由和思路、解决问题的程序设计、需要的硬件、结构造型、制作过程等方面的内容，包含至少5个步骤的作品制作过程，每个步骤包括至少一张图片和简要文字说明。制作说明文档是评审专家详细了解制作过程的重要参考资料。

硬件器材清单、软件源代码要如实准备，以便评审专家审查程序是否可行，软硬件是否能相互匹配，即创意作品的功能能否达到。

3. 展评亮剑

有些省（市、自治区）为了使创客竞赛评比更准确，会将选出的作品集中，由作者对评审专家进行面对面的展示、答辩。在展评前，评审专家已看过所有的作品，已初步评出了等次，再通过现场展示、答辩来确认选手的创新能力、编程水平和制作技能，从而选出有实力的选手参加全国竞赛活动，对答辩不通过的选手会降低或取消获奖等次。

展评的流程一般是，每个选手先介绍自己的作品，再回答评审专家的提问，整个过程在10分钟以内。为了真实展示自己的实力，一定要提前做好准备工作。

（1）作品功能演示。

现场展评会要求进行作品实物演示，设计的功能一定要确保一次演示成功。

（2）PPT展示制作过程。

PPT以图片为主，文字简单明了。内容主要为作品创意特点、作品功能、解决问题的程序设计、硬件及结构制作等。

PPT展示最好和实物演示同步进行，因此一定要提前做好彩排。

（3）回答评审专家提问。

如果选手展示得很全面、很顺利，评审专家对作品和选手各方面都了解清楚了，就不会或少提问。如果评审专家还有疑问，就会针对疑问提问，一般的问题有功能是通过什么硬件实现的，程序中某些语句的作用等。

4. 全国活动

全国学生信息素养提升实践活动的创意智造项目采用现场制作、展示交流的方式进行。现在，部分省（市、自治区）也在采用和国家级竞赛活动相同的方式来进行省级活动。要求参与学生在规定时间内根据任务主题要求，使用组委会提供的器材，通过方案设计、计算机编程、硬件搭建/组装、编程调试等过程完成任务方案中要求的实物作品。

全国学生信息素养提升实践活动创意智造项目现场制作、交流时间一般为三天，两天制作作品，一天展示交流，具体的流程如图28-4所示。

图28-4 创意智造项目流程

（1）技术讲座。

活动组委会会聘请专家针对前沿技术、科学思维、基础知识等开展讲座，同时对活动项目相关的内容进行培训，如项目任务要求、人工智能知识教学和应用模块的搭建及开发、物联网设计与制作、机器人设计制作和组装注意事项等。

（2）分组抽签。

学生通过现场抽签组队，随机搭配，每个团队由2、3人组成，组内成员可能互相不认识，团队内要进行适当分工，每个成员要有团队意识。学会沟通、配合、协调。只有做好作品创意设计的商量、制作的分工、提交文件的分工和准备、展示的协作等工作，才能合作制作出好的作品。

（3）任务公布。

现场会将任务主题和制作要求以纸质文档的形式发给每个小组。在题目的理解上，小组成员要各抒己见，再结合生活实际、了解材料和工具，引导设计思路，通过分析和设计，产生与众不同的创意。

（4）作品制作。

小组根据创意，通过团队分工协作，在两天的时间内，共同创作完成一件作品。在设计与制作过程中，学生可自带笔记本电脑、相关设计软件、编程软件和参考书籍资料等。制作期间，笔记本电脑和组委会提供的优盘，一律不能带离场地，制作结束后才可带走；除了组委会提供的优盘，不得使用任何一种移动存储设备；不能用任何方式连接互联网，现场会控制使用手机和网络，有需要时可以申请，在工作人员监督下使用测试。

①熟悉场地和器材。每个成员要先了解制作场地和现有的器材，特别是创意制作所需元器件。创客器材由活动组委会统一指定，国内品牌创客器材供应商会为本次活动提供器材和服务。图28-5所示是深圳盛思科教文化有限公司（以下简称盛思公司）和DFRobot公司提供的创客比赛套件，这些套件中元器件很多，基本上能满足设计作品的需求，如果没有，也可向工作人员提出，一般会解决。有了前面课程的学习，使用盛思公司的掌控板+DFRobot公司套件中的元器件，就能熟练地制作出创客作品。

图28-5　盛思公司和DFRobot公司提供的创客比赛套件

盛思公司的掌控宝能与掌控板紧密结合，如图28-6所示，拓展板自带锂电池，可接多个传感器模块和电动机，制作轻便的创客作品时可使用。

各供应商提供的创客比赛套件由于元器件齐全，所以价格较高，多数学校不会采购套件来开展普惠式创客教育。但有条件的学校可购置一套用于赛前训练，也可在网上购买需要的元器件来训练，就能节省一些费用。

图28-6　掌控板与掌控宝的结合

制作现场也会提供各种材料及加工工具，材料有木板、卡纸、彩纸等，工具有台锯、激光切割机、3D打印机等。图28-7为部分加工工具。

图28-7　激光切割机、3D打印机、车床等加工工具

考虑安全问题，加工工具一般不允许学生独自操作，只需将需要加工的零件规格写好，并选择好材料，由工作人员来切割制作零件。

②按创意作品制作程序进行。图28-8为创意作品制作的程序，要合理分配各阶段的时间，按时完成任务。

确定创意 → 编写程序 → 软硬件调试 → 结构造型

图28-8　创意作品制作程序

③调试修正。作品基本完成后，要反复进行调试修正。图28-9所示为在某省级竞赛现场的选手合作进行作品调试。

图28-9　小组成员合作调试作品

通过多次调试，可发现问题，再修改程序，能使作品更完善，保证在答辩时稳定正常展示。

（5）作品提交。

现场制作完成后，要将作品提交给组委会。提交的内容包括以下几项。

①实物作品。

②创作说明文档。包含创作意图、作品多角度照片、功能说明、结构搭建过程、电路搭建过程、程序代码等。

③汇报PPT。包含封面、作品名称、创作意图、功能说明、电路搭建图、程序代码、小组分工与合作、收获与反思等。

④演示视频。视频不超过5分钟，包含封面、作品名称、成员组成、作品介绍与演示等。

（6）团队展示和答辩。

这是创意智造项目最后一个环节，所有参赛学生及家长、辅导教师都可观摩，每小组依次上台通过多种形式向专家评委和其他学生展示其作品，并回答专家评委提出的问题，一般时间限定为5～8分钟。图28-10所示为全国活动的展示和答辩现场。

展示和答辩前，团队成员要做好准备，如谁主讲、谁展示作品，甚至评审专家可能会提什么问题都要想一想，最好在家长和辅导教师的指导下进行彩排，保证答辩时万无一失。

图28-10 全国活动的展示和答辩现场

从以上的参赛过程可以看到，参加创客竞赛，就是一场学习知识、提高技能、提升创新能力的马拉松。获不获奖不是那么重要，重要的是你经历过、参与过，外面世界的精彩也许会成为你努力学习、提高各方面素质的动力。

附录 配套器材

序号	名称	规格	数量	图片
1	掌控板	掌控板2.0	1	
2	数字大按钮模块	红、绿、蓝三色各1块	3	
3	模拟角度传感器	旋转角度为0°～300°	1	
4	掌控板I/O扩展板	兼容micro:bit和掌控板两种主板	1	
5	130型电动机	带软扇叶片	1	
6	舵机	DMS-MG90 金属9g舵机，带舵角	1	

序号	名称	规格	数量	图片
7	红外遥控器套件	IR kit红外遥控套件	1	
8	超声波传感器	HC-SR04超声波模块	1	
9	2WD1622两轮智能小车套装	含车架、车轮、电动机等	1	
10	巡线传感器	Mini巡线传感器V5.0	2	
11	AI 视觉传感器	二哈识图（HuskyLens）AI 视觉传感器	1	
12	语音识别模块	I2C语音识别模块	1	

序号	名称	规格	数量	图片
13	语音合成模块	中英文语音合成模块V2.0	1	
14	非接触式红外温度传感器	芯片为MLX90614-DCI	1	
15	空气质量传感器	CCS811空气质量传感器，可测量CO_2、TVOC的浓度	1	
16	I2C分线模块	可以扩展8个I2C接口	1	
17	3PIN和4PIN线	DFRobot公司生产	若干	
18	杜邦线	分为公对公、母对母、公对母三种	若干	
19	锂电池	5V锂电池，1A	1	

注：在各电商平台很容易买到以上器材。